JN001601

Red Hat系／Debian系 両対応

エンジニア1年生のための

世界一わかりやすい

Linux コマンドの教科書

うすだひさし

日経BP

本書に掲載のスクリプトファイルなどの入手方法

本書を購入した方は、掲載しているスクリプトファイルなどを読者限定サイトから入手できます。電子版を購入された方も同様です。読者限定サイトにアクセスするには、下記の公式ページを開き、ページの中ほどにある「読者限定サイト」の「＜こちら＞」のリンクをクリックします。認証画面が表示されたときは、ユーザー名「linux」、パスワード「download」を入力してください。

訂正・補足情報について

本書の公式ページ「https://info.nikkeibp.co.jp/media/LIN/atcl/books/091400028/index.html」（短縮 URL：https://nkbp.jp/3tRHSw1）に掲載しています。

◆本書で紹介しているプログラムおよび操作は、2021 年 9 月の執筆時点のものです。

◆本書の発行後に Linux 環境がアップデートされることにより、紹介している通りに動作しなかったり、表示が変更されたりする場合があります。あらかじめご了承ください。

◆本書の内容に基づく操作によって、直接的、間接的な被害が損害が生じた場合でも、日経 BP ならびに著者はいかなる責任も負いません。ご自身の責任と判断でご利用ください。

はじめに

　本書は、Linux サーバー管理者やシステム管理者になりたてか、なろうとしている Linux 初心者の方が、恐らく最初に戸惑う「シェル」や「コマンドライン」、「コマンド」の使い方について、なるべくわかりやすく説明した本です。本書のベースは、日本で唯一の Linux 専門誌「日経 Linux」に書かせていただいた連載記事です。また、筆者は、Linux システム管理のメルマガを 2005 年から発行していますが[*1]、その内容も盛り込んでいます。

　そもそもメルマガを発行しようと思ったきっかけは、Linux を使いこなすのに苦労している方が周りにたくさんいたからでした。彼らはなぜ、初心者の域からなかなか脱せないのか、自分が初心者だった頃を思い出しつつ考えてみました。筆者が思い至ったのは、プログラミングと同じで、「習うよりも慣れろ」が必要なのではないかということでした。本を読んでまず理解しなければと思うと、理解できない時点で挫折してしまいます。ですが、最初は理解できなくても、実際に手を動かしてみることで理解できるようになるのではないか、と思うのです。少なくとも、筆者はそういう経験をいくつかしてきました。

　本書も、なるべく気軽に試せるコマンドの実行例を、できる限り多く紹介しています。基本的には、実行しても害のないものばかりです。もし説明がチンプンカンプンでも、一度は書いてある通りに実行してみてください。そして次に、ちょっとだけアレンジして実行してみてください。これを繰り返すことで、重かった理解の扉が徐々に開いてくることでしょう。そして、Linux サーバー管理者やシステム管理者に必要な知識が自然と身に付いていきます。

　なお、本書の著者には筆者の名前だけが書かれていますが、実際は、編集の加藤慶信さんにより、多くの加筆修正やアドバイスをいただきました。また、連載でお世話になっている日経 Linux 編集長の安東一真さん、校閲していただいた業者のみなさんのご尽力により、多数の至らなかった箇所をよりよくしていただきました。この場を借りてお礼を申し上げます。大変ありがとうございました！

2021年9月
うすだ　ひさし

＊1　https://www.mag2.com/m/0000149633 または https://usupi.org/sysad/

▶本書の対象読者

　本書が対象とする読者は、これから Linux サーバーや Linux システムの管理者を目指す方です。Linux に興味を持ち始めた方や、Linux コマンドを使いこなせるようになりたい方にもお勧めです。Linux の利用は初めてという方でも、基本から解説するので問題ありません。

　ただし、これまで Windows や macOS を使ったことことがあり、これらを PC にインストールできるだけのスキルは必要です。本書では、企業向け Linux サーバーの OS として広く普及する米 Red Hat 社の「Red Hat Enterprise Linux」（RHEL）をベースに、Linux コマンドの使い方を解説しています。RHEL のインストール方法も紹介しているので、お手元に使っていない PC があれば、ぜひインストールしてください。本書で解説しているコマンドやシェルスクリプトを、解説してある通りに動かすことができます。

　また、ネットワーク関連の基礎的な知識も必要です。例えば、「IP アドレス」や「ゲートウェイ」「SSH」などの用語を理解でき、インターネットの接続環境の設定や、SSH でのリモートログインなどを操作できるスキルを想定しています。ネットワーク関連の基礎的な知識やスキルは、別の入門書をご参照ください。

　本書は Linux コマンドの使い方を解説しますが、これまで Windows の「コマンドプロンプト」や「Windows PowerShell」、macOS の「ターミナル」なども含めて、ほとんどコマンドで操作したことがない方でも理解できるように、平易な言葉で丁寧にわかりやすく解説しています。さらに、とっつきにくさを和らげる効果を狙い、イラストを多用しました。実は、著者は毎日、栗の絵を描いてネットで公開しています[2]。その延長で、本書でも理解しづらいコマンドの概念や仕組みを、「栗君」[3] が登場する可愛らしいイラストで解説しています。

　本書は、Linux サーバーや Linux システムの管理に必要な Linux コマンドに絞って、実際に現場で役立つ使い方を紹介しています。本書を一通り読むことで、エンジニア 1 年生としては必要十分な Linux コマンドの基礎知識を身に付けることができます。

---

[2] 著者は、凡人でも長く続ければ何か達成できるのではないかと思い、毎日栗の絵を描き始めました。栗を選んだのは思いつきですが、今では栗のお菓子やグッズを見るとつい買ってしまうそうです。
[3] 正式名称はありませんが、いつからか関係者内では、そう呼ばれています。

▶本書の内容紹介

　第1章では、最初にLinuxの中身について簡単に解説し、次にRedHat系、Debian系といったLinuxの種類、Linuxが動作する環境などを説明しています。さらに、米Red Hat社の企業向けLinuxディストリビューション「Red Hat Enterprise Linux」をPCにインストールする手順も紹介しています。第2章では、コマンドラインやシェルの概要と、端末エミュレーターの基本的な操作方法を説明しています。第1章と第2章は、既にLinuxのことを知っている方やLinuxコマンドを使ったことのある方は、読み飛ばしていただいて構いません。

　第3章では、Linuxのディレクトリー（フォルダー）の構造を解説し、ディレクトリーとファイルを操作するためのコマンドを紹介しています。ファイルやディレクトリーの権限についても解説します。第4章では、「標準入出力」の概念と入出力先を制御する方法を説明しています。複数のコマンドをつなげて処理する「パイプライン」や「リスト」も紹介しています。第5章では、「プロセス」と「ジョブ」の概要と、これらの管理方法を説明しています。動作が不安定になったコマンドを強制終了する方法も紹介しています。

　第6章では、コマンドラインで使う「テキストエディタ」の種類と、その使い方を説明しています。主要なLinuxディストリビューションで標準インストールされている「Vim」については、操作が独特のため少し詳しく使い方を紹介しました。第7章では、「テキストファイル」と「バイナリーファイル」の違いと、それぞれの閲覧方法を説明しています。テキストファイルについては、行の並び替えや文字の置換・削除など簡単な編集方法も紹介しています。第8章では、テキストファイルから必要な情報だけを検索し、抜き出したり置換・削除したりする方法を説明しています。具体的には、探している情報（文字列）をパターンで指定できる「正規表現」と呼ぶ手法の使い方がメインになります。

　第9章では、コマンドラインを便利に使うための操作方法とカスタマイズの方法、それらを設定ファイルに残す方法を説明しています。コマンド入力を簡素化できる「ブレース展開」「チルダ展開」「コマンド置換」「算術式展開」「エイリアス」なども紹介しています。第10章では、Linux全体を管理する権限を持つ「スーパーユーザー」について説明しています。具体的には、ユーザーやグループを管理するためのコマンド、システムの稼働状況を監視するためのコマンドなどです。

第11章では、「シェルスクリプト」の記述方法を説明しています。「変数」や「条件分岐」「ループ」などの使い方も紹介しています。「位置パラメーター」や「関数」を使って複雑な処理を実行させる方法も解説しています。

第12章では、Linux サーバー管理者や Linux システム管理者が押さえておくべきコマンドをいくつか紹介しています。主に、ネットワークの状態を監視するためのコマンドと、「SSH」を使ったリモートログインのためのコマンドです。

▶本書の表記

キー操作の表記

操作するキーは角かっこで表記しています。例えば、[Ctrl] キーは「Ctrl」と刻印されたキーを押す操作、[C] キーは「C」と刻印されたキーを押す操作を表しています。大文字の「C」を入力するという意味ではないことに注意してください。[Ctrl + C] キーは、「Ctrl」と刻印されたキーを押した状態で「C」と刻印されたキーを押す操作を表します。[Ctrl + Alt + T] キーは、[Ctrl] と刻印されたキーを押した状態で [Alt] と刻印されたキーを押し、その状態でさらに [T] と刻印されたキーを押す操作を表します。

英字の大文字と小文字の使い分け

コマンドによっては、英字の大文字と小文字を区別します。そのようなコマンドでは、『大文字の「A」を入力』『小文字の「a」を入力』などと表記しています。

色付きの強調されたフォントの表記

コマンドラインやシェルスクリプトの中で、例えば「:s/置換前の文字列/置換後の文字列/」のように、指定するコマンドや値、引数、オプションなどが読者の実行環境に応じて変わるときは、色付きの強調したフォントで表しています。

コマンドラインの表記

入力するコマンドは、次のように記載しています。

```
$ コマンド 
```

上記の通り、コマンドラインのプロンプトは「$」または「#」で表記しています。「$」は一般ユーザー権限での作業、「#」は管理者権限での作業を表しています。プロンプトと、それに続く空白は入力しません。読者が入力する部分は、コマンド以降です。コマンドの末尾にある「⏎」は、[Enter] キーを押す操作を表しています。

1 行に収まらないコマンドラインの表記

　1 行の文字数が限られているため、本書では長いコマンド行を折り返して記載しています。特に注記する場合を除き、折り返しを示す記号は使用していません。例えば、「mkdir」コマンドの実行を次のように記載した場合、

```
$ mkdir nikkei-business
-publications ⏎
```

「nikkei-business-publications」は、一続きの文字列として入力します。実行すると、「nikkei-business-publications」というディレクトリーが作成されます。

```
$ mkdir nikkei-business-publications ⏎
```

　次のように 2 行目の行頭にスペースがある場合、

```
$ mkdir nikkei-business
  -publications ⏎
```

「nikkei-business」と「-publications」の 2 個の文字列に分けて入力します。

```
$ mkdir nikkei-business -publications ⏎
```

　ただし、mkdir コマンドに「-publications」というオプションは用意されていないため、実行しても「無効なオプション」が指定されたというメッセージが表示されてエラーになります。

C O N T E N T S

第10章 スーパーユーザーの役割を知っておこう …… 207

第11章 シェルスクリプトを作って一括で処理しよう …… 233

第12章 Linux サーバー管理者なら押さえておくべきネットワークの必須コマンド ················· 263

第 1 章

Linux の環境を作ろう

　本書は、Linux サーバーやシステムの管理者に任命されてホヤホヤの方、または
たはそれを目指している方が、コマンドラインやシェルを駆使して Linux を使
いこなせるようになるための入門的な本です。Linux の知識やスキルレベルが、
「最近仕事で使い始めた」「GUI（Graphical User Interface）では使ったことが
あるが、コマンドラインやシェルはよくわからない」「言われた通りにコマンド
を実行したことがあるくらい」といった方を対象としています。

　何を学ぶにしても、基礎を正しく理解すること、用語を正しく使うことは大
切です。ただ、それだけでなく、コマンドを実行するなど手を動かすことで、
曖昧だった理解が深まるということも、筆者は経験的に知っています。そこで、
いずれの章も最初に基本的なことを簡単に説明した後、実際に試せるコマンド
やスクリプトの実行例をなるべく多く示すようにしています。

　第 1 章では、Linux の概要を説明した後、Linux の動作環境にはどのような
ものがあって、自分で自由に使える環境を構築するにはどうすればよいのかを
説明します。Linux やカーネルの意味をある程度わかっていて、Linux が動く
環境を既にお持ちでしたら、本章は読み飛ばして構いません。

1-1 Linux の概要

　Linux という名前を知らない方は、さすがに本書を手に取っていないと思います。けれども、名前を知っている方でも、Linux について具体的に説明しようとすると、実はおぼろげにしかわかっていないという方が多いのではないでしょうか。復習も兼ねて、Linux やディストリビューションについて説明します。

1-1-1　カーネルと OS

　Linux について説明する前に、カーネルと OS（Operating System）について説明します。

　コンピュータは、計算を担う CPU（Central Processing Unit）、データや命令を格納するメモリー、ハードディスクや SSD（Solid State Drive）などのストレージ（補助記憶装置）、コンピュータに指示をするタッチパネルやキーボード、マウス、計算結果などを出力するディスプレイ、通信に必要なネットワークカードなどから構成されています。

　みなさんが PC やスマートフォン（以下、スマホ）で使っている Web ブラウザーやオフィススイート*1 などのアプリケーション（以下、アプリ）は、CPU やメモリーなどのリソース（資源）を必要とします。けれども、個々のアプリが好き放題にリソースを使ってしまうと、あっという間にリソースが足りなくなりケンカ（？）になってしまいます。そこで、リソースをある程度公平に割り振る役割を担うソフトウエア（以下、ソフト）に、リソースを管理させます。このソフトのことを「カーネル」と呼びます（**図1**）。

＊1 「オフィススイート」とは、ワープロや表計算、プレゼンテーションソフトなど、オフィスで使われるアプリをまとめたものです。

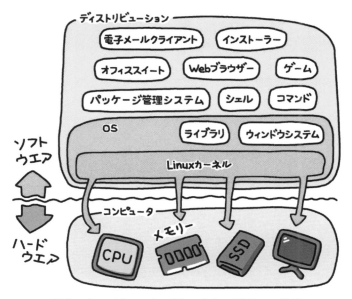

図1 「コンピュータ」「カーネル」「OS」の関係

具体的には、カーネルは図2に示す機能を持っています。

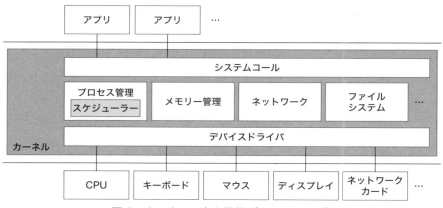

図2 カーネルの主な機能（Linux の場合）

　カーネルは、アプリやサービスなどのプログラムの実行を「プロセス」（詳しくは第5章で解説します）で管理しています。CPU のコア（実際に処理を行う演算回路）をうまくプロセスに割り当てられる（スケジューリングできる）か

どうかで、使い勝手が大きく変わります。また、コンピュータにはさまざまな
デバイスがつながっています。これらを使うには、デバイスを制御する「デバ
イスドライバ」が必要です。ほかにもメモリーやネットワーク、ファイルシス
テムなどをカーネルが管理しています。

　このように、カーネルはリソースを自由に操れる特別な権限を持っています。
一方、アプリは勝手なことができないよう、リソースに触れる権限を持ってい
ません。アプリは、通常は「システムコール」と呼ばれる仕組みを使ってカー
ネルに依頼するのです[*2]。システムコールには、ファイルに対する操作（オー
プンやクローズ、読み書きなど）、メモリーの確保や解放、プロセスの生成や停
止、スケジューリングに関するものなど、カーネルが代行してくれるさまざま
な処理があります。

　アプリが動作するには、カーネルのほかに、デスクトップ画面を管理する「ウィ
ンドウシステム」や、いくつかのアプリで共通の処理をまとめた「ライブラリ」
なども必要です。これらとコンピュータの上でアプリが動作するために必要と
なる、カーネルを合わせた基本的なソフトを「OS」と呼びます[*3]。

1-1-2　Linux とは？

　Linux とは、厳密には、フィンランドの Linus Torvalds 氏が開発したオープ
ンソースのカーネルのことです。けれども、一般的には Linux カーネルを使用
する OS 全体のことを指します。どちらも Linux と呼んで間違いありません。
前者の Linux カーネルは 1991 年に、Torvals 氏の個人的なプロジェクトとして
開発が始まりました。前者も後者も無償で利用・改良できることから、多くの
組織や個人が開発に参加し、活発に開発が行われています[*4]。現在では PC は
もちろん、Android などのスマホやテレビなどの情報機器から、「富岳」などの
スーパーコンピュータまで、あらゆる機器で Linux が広く使われています。

　OS としての Linux の場合、カーネル以外の部分は主に「GNU（GNU's Not

＊2　ほかにも「sysfs」や「procfs」などのファイルシステムや「Netlink」などの、カーネルと
やり取りするインタフェースがあります。
＊3　「OS」の定義は明確ではなく、カーネルだけを指すこともあれば、（Windows などの商用
OS では）アプリまで含むこともあります。
＊4　Linux カーネルは「https://www.kernel.org」で公開されています。

Unix!）＊5」プロジェクトで開発されているオープンソースのソフトが使われています。ライブラリや開発ツール、アプリなどたくさんのプログラムが GNU で公開されています。Linux では GNU 全体を OS として利用していますが、一つのまとまりではなくいくつかに分かれており、ソースコードを個別にダウンロードして利用することもできます。

1-1-3　ディストリビューションとは？（Red Hat 系と Debian 系）

　Linux を使うには、Linux カーネルを含む OS とアプリが必要です。これらを一つにまとめ、簡単にインストールして使えるようにしたものを「Linux ディストリビューション」（以下、ディストリビューション）と呼んでいます。前述のライブラリやデスクトップ環境、アプリのほかに、コンピュータにインストールするための「インストーラー」や、ソフトの追加や削除などを行うための「パッケージ管理システム」などが含まれています。

　ディストリビューションには、「Red Hat Linux」を起源とする「Red Hat 系」と、「Debian GNU/Linux」を起源とする「Debian 系」があります（図3）。

図3　主なディストリビューションには Debian 系と Red Hat 系がある

＊5　https://www.gnu.org

Red Hat Linux は、米国の Red Hat 社[*6]が開発・公開していたディストリビューションです。現在は同社が「Red Hat Enterprise Linux」（以下、RHEL）を開発・販売しています。Red Hat 系の主なディストリビューションは、RHELのほか「Fedora Linux」（以下、Fedora）[*7]と「CentOS（Community ENTerprise OS）」[*8]があります。いずれも Red Hat 社が開発を支援するオープンソースのディストリビューションです。また、パッケージは主に「RPM 形式」を扱います。

　Fedora は、数あるディストリビューションの中でも最新の Linux カーネルをいち早く取り込み、新たに登場したデバイスやソフトウエア技術に対応できるように開発が進められています。この Fedora で取り込んだ最新技術や最新機能などの成果を、Red Hat 社が RHEL に反映しています。

　CentOS も、Red Hat 社が開発を支援しています。開発プロジェクトは二つに分かれていて、一つは RHEL と中身が同一で無償化した「CentOS 8」で、もう一つは RHEL の開発版（次期バージョン「RHEL 9」のプレビュー版のような位置付け）である「CentOS Stream」です。このうち CentOS 8 については、2021 年 12 月末で開発とサポートが打ち切られることになっています。つまり、RHEL と中身が同一でありながら無償だったディストリビューションが、なくなってしまうわけです。その代わりとして、Red Hat 社は限定的に RHEL を無償で使えるようにしています。

　Debian GNU/Linux は、「Debian」[*9]と呼ぶプロジェクトが作成するディストリビューションです。使いやすさを重視した「Ubuntu」[*10]や、電子工作で人気の「Raspberry Pi」（詳しくは 1-2 で解説します）という小型 PC ボードで動く「Raspberry Pi OS」などが、Debian 系のディストリビューションです。いずれも、主に「deb 形式」のパッケージを扱います。

　Red Hat 系や Debian 系のほかにも、「Slackware」[*11]「Arch Linux」[*12]「Gentoo

---

＊6　https://www.redhat.com
＊7　https://getfedora.org
＊8　https://www.centos.org
＊9　https://www.debian.org
＊10　https://ubuntu.com
＊11　http://www.slackware.com
＊12　https://archlinux.org

Linux」* 13 などのディストリビューションがあります。いずれも独自の形式の
パッケージを扱います。

　筆者のざっくりした感覚では、企業やサーバー用途で Red Hat 系が、個人や
開発・趣味の用途で Debian 系が使われているように思います。けれども、根
本の思想や基本的な使い方は大きく変わりません。どれを使えばよいのか迷っ
たときは、用途や人気、個人的な趣向で選べばよいと思います。

　本書では、企業ユーザーを中心に普及しているディストリビューションの最
新版「RHEL 8」を想定しています。けれども、紹介するコマンドやシェルの使
い方については、なるべく特定のディストリビューションに依存しない一般的
なものをピックアップして、実例を交えて説明するようにしました。

1-1-4　Linux を使う理由

　さて、既に Windows や macOS などの商用の OS が普及しているなか、なぜ
Linux を使う（べきな）のでしょうか。筆者の考える主な理由を、次に挙げて
みました。

■コマンドやスクリプトを使って効率よく処理ができる
■機能追加やカスタマイズができる
■自分でサーバーを構築・運用できる
■プログラミングやセキュリティなどの勉強に使える
■いろいろなコンピュータで動き、無償なので、気軽に試せる

　タッチパネルやマウスを使って GUI で直感的に操作できることは、いろいろ
な人に使ってもらうために必要なことです。けれども、コマンドやアプリを組
み合わせて実行したり、スクリプトで複雑な処理を行わせたりすることで、(GUI
では実現が難しい) 業務の自動化や効率化、改善が可能となります。もちろん、
Windows にも「Windows ターミナル」や「PowerShell」などの CUI (Character
User Interface) があり、同じような操作は可能です。けれども、Linux のほう

＊ 13　https://www.gentoo.org

が幅広く行われていて、事例が多いように思います（個人の感想です）。

　それから、いろいろな団体や個人が Linux で動くアプリやツールをオープンソースで公開しています。これらを自由にインストールして使うことができますし、インストールした Linux カーネルやデスクトップ環境のカスタマイズもできます。極端なことを言えば、それぞれにソースコードがあるため、手を加えて独自のものに置き換えることも可能です。

　実際の Linux サーバーで使われている Web サーバーソフト「Apache HTTP Server」[14] や、データベース管理システム「PostgreSQL」[15]「MySQL」[16] などは、オープンソースであり、主要なディストリビューションでパッケージが用意されています。このため、手元の Linux にインストールして同じように動かすことができます。

　Linux を使ったさまざまな開発が行われていることも、Linux ならではの特徴でしょう。例えば、「GitHub」[17] で公開されているソースコードを入手し、ビルドして動かすことも可能です。開発に必要な「ツールチェイン」や「IDE (Integrated Development Environment、統合開発環境)」もたくさんあります。

　そして、Linux はあらゆるコンピュータで動き、しかもお金がかからないため、気軽に試せます。新たに何かを買い足す必要はありません。使っていない古いPC にインストールしたり、今使っている PC の上で仮想的に動かしたりすることができます。ただし、無償で利用できるのは、開発などの活動に奉仕するたくさんの有志が存在するからです。関係者の方々の努力の賜物であることに感謝しながら使いましょう[18]。

　光があれば影があるように、Linux にもデメリットがあります（**図 4**）。Linux の種類は数多くあり、インストールや設定手順がそれぞれ異なります。インターネットで検索すると設定や利用手順の情報をたくさん得られますが、それらをそのまま適用できるとは限りません。何かトラブルが発生したときも同じです。自分で調べて解決する必要があります[19]。けれども、自力で解決したときに得

---

* 14　https://httpd.apache.org
* 15　https://www.postgresql.org
* 16　https://www.mysql.com
* 17　https://github.com
* 18　それぞれのソフトウエアライセンスをよく読んで遵守したうえで使ってください。
* 19　前述の Red Hat 社など、有償でサポートを提供する会社もあります。ただし、個人ではなかなか手が出せない料金だと思います。

られる達成感は格別ですし、その情報を公開することで、同じように困っている Linux ユーザーの助けにもなります。それもまた楽しみの一つといえます。

図4　Linux にはメリット（光）もデメリット（影）もある

1-2 Linux を利用する方法

Linux を使ってみようと思ったとき、どのような方法があるでしょうか。Linux は無償で使えるとはいえ、動作環境やディストリビューションなどの選択肢がたくさんあります。ここでは、なるべく簡単でメジャーな方法をいくつか挙げます。そして、具体例の一つとして、RHEL を入手して PC にインストールする手順を紹介します。

Linux の環境をお持ちでなければ、紹介する方法を参考に、Linux の環境を構築してみてください。もしうまくインストールできなくても、少しの時間（と場合によっては少しのお金）を失うだけです。それに、うまくいかなかったという経験は、自身の成長につながります。それは失った時間やお金よりも大きなものとなります（なるはずです）。どれかピンとくる方法があれば、恐れずに試してみましょう！

1-2-1 Linux の動作環境

Linux はさまざまなコンピュータで動かすことができます。最も一般的な環境は PC です。ディストリビューションが公開している DVD などの光ディスク用のイメージである「ISO イメージ」をダウンロードし、DVD-R に書き込みます。USB メモリーや SD カードに書き込む Linux もあります。ISO イメージを書き込んだメディアをコンピュータに挿入して起動すると、インストーラーが起動し、Linux をインストールできます。

「Raspberry Pi」（以下、ラズパイ）[20] のように、小型で安価なコンピュータで Linux を動かす方法もあります。ラズパイは省電力のデバイスなので、24 時間動かし続けてもあまり電気代がかかりません。スペックに応じてさまざまなモデルがあり、660 〜 9680 円で購入できます（**図5**）[21]。ラズパイのほかにも、

---

* 20　https://www.raspberrypi.org
* 21　国内代理店のケイエスワイの直販サイト「Raspberry Pi Shop by KSY」（https://raspberry-pi.ksyic.com/）の「本体」と「Zero」の税込み価格を参考にしました。別途、microSD カードや USB-AC アダプター、ディスプレイ、キーボードなどが必要です。

「BeagleBone」* 22 や「NVIDIA Jetson」* 23 など、Linux が動作するシングルボードコンピュータが多くあります。

図 5　ラズパイの最上位モデル「Raspberry Pi 4 Model B」

　ラズパイでは、Raspberry Pi OS や Ubuntu などをインストールできます。Raspberry Pi OS の場合は、Linux や Windows、macOS で動作する「Raspberry Pi Imager」というソフトを使って microSD カードにインストールします。
　「仮想化ソフト」という、コンピュータのリソースが物理的に存在するように見せることのできるソフト（**図 6**）で Linux を動かす方法もあります。

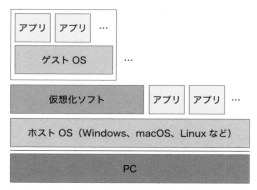

図 6　仮想化ソフトは、ホスト OS 上で、ゲスト OS をアプリとして動かす

＊ 22　https://beagleboard.org
＊ 23　https://developer.nvidia.com/embedded-computing

Windows などの OS（ホスト OS）の上で、別の OS（ゲスト OS）をアプリとして動かします。主な仮想化ソフトに、「Oracle VM VirtualBox」[24] や「VMware Workstation Player」[25] があります。前者は本体がオープンソースなので、無償で使用できます。後者は米国の VMware 社の製品であり、個人利用に限り無償で使用できます。

米国の Microsoft 社が提供する「WSL（Windows Subsystem for Linux）」という、Linux のコマンドやアプリを Windows10 または Windows Server で実行するための機構を利用して、Linux を使うこともできます（**図7**）。

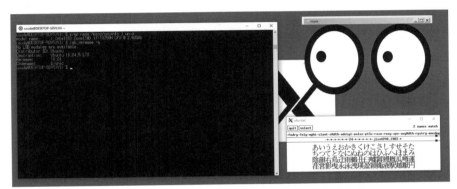

**図7　「WSL」でさまざまな Linux アプリを起動した
Windows 10 のデスクトップ画面**

WSL には「WSL1」と「WSL2」があります。WSL1 では、Linux カーネルのシステムコールを Windows がエミュレートすることで、Linux のコマンドやアプリを動かしています。WSL2 では、仮想化ソフトで Linux カーネルや OS、アプリを動かします。

「Amazon Web Services」[26] や「Google Cloud Platform」[27]、「Microsoft Azure」[28] などの「クラウドコンピューティングサービス」を使うと、Linux の仮想的な動作環境を手軽に作成して使うことができ、CPU やメモリー、ストレージなどを柔軟に変えることもできます。ただし、有料です。従量制のため、

＊ 24　https://www.virtualbox.org
＊ 25　https://www.vmware.com/products/workstation-player.html
＊ 26　https://aws.amazon.com
＊ 27　https://cloud.google.com
＊ 28　https://azure.microsoft.com

トータルの費用がわかりにくいというデメリットもあります。

　月々の費用を固定にしたい場合は、「VPS（Virtual Private Server）」という仮想的な専用サーバーを利用する方法もあります。なお、クラウドコンピューティングサービスもVPSも、サーバーとして使うことを目的としており、インターネットからアクセスできる場所に設置されています。このため、利用に当たってはセキュリティに注意する必要があります。

1-2-2　RHEL 8のインストール手順（PC）

　ここでは、PCにRHEL 8をインストールする手順を紹介します。先に説明した通り、RHELはRed Hat社の製品ですが、個人が使用する場合、16システムまでは無償で利用できます[*29]。それにはまず、開発者向けの「Red Hat Developer program」に登録する必要があります。「https://developers.redhat.com/」にアクセスして、右上の「Log In」をクリックし、さらに「登録」をクリックするか、ます。**図8**のログイン画面が表示されるので、「登録」または「Red Hatアカウントを作成する」をクリックすると、**図9**の登録画面が表示されます。

図8　開発者向けのログイン画面

* 29　ここで紹介する無償利用の条件やインストール手順は、2021年8月時点のものです。

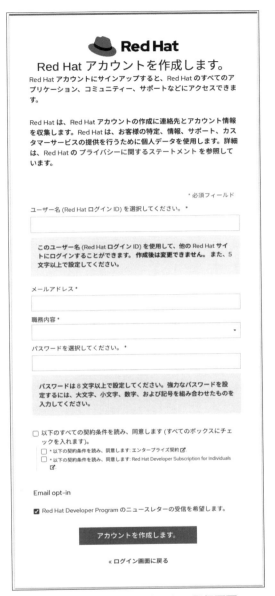

図9　Red Hat アカウントの登録画面

　ユーザー名（ログイン ID）、メールアドレス、職務内容およびパスワードを入力し、契約条件を読んで同意のチェックを入れたら、「アカウントを作成しま

す。」ボタンをクリックします。入力したメールアドレスに確認のメールが送ら
れてくるので、メール内のリンクをクリックすれば、登録が完了します。

　次に、RHEL 8 の ISO イメージをダウンロードします。「https://developers.
redhat.com」のページにある「Linux」タブをクリックし、「Download RHEL」
をクリックします。ISO イメージは、「DVD iso」と「Boot iso」の 2 種類あり
ます。「DVD iso」の場合、サイズが約 9G バイトですが、インストールに必要
なものがすべて含まれます。「Boot iso」の場合、サイズは 1G バイト未満ですが、
インストールの開始に必要なものしか含まれず、インストール時にネットワー
クを介して必要なものを適宜ダウンロードします。どちらを使ってもインストー
ルできますが、ネットワークが低速な環境では、DVD iso のほうがインストー
ル中のネットワーク使用量を少なくできます。

　ISO イメージをダウンロードしたら、DVD-R に記録し、PC の DVD ドライ
ブに挿入して起動させます。図 10 のように表示されるので、「Install Red Hat
Enterprise Linux 8.4」をカーソルキーで選んで［Enter］キーを押します。末
尾の「8.4」はバージョン番号で、ダウンロードした時期で変わります。

図 10　PC の起動画面

　最初に言語の選択を求められます（図 11）。画面の左側の一覧で「日本語」
を選び、「続行」ボタンをクリックします。

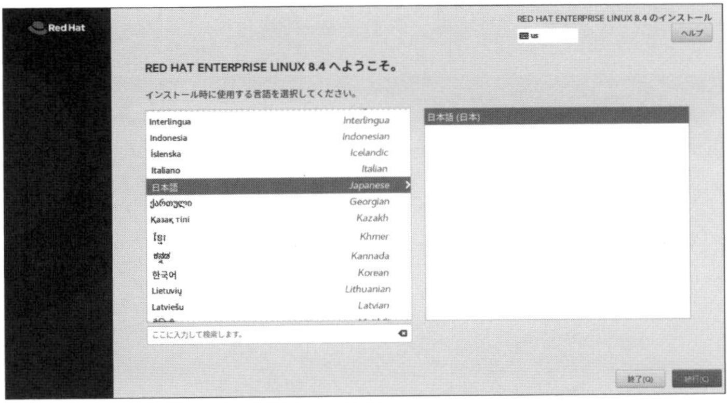

図 11　最初に表示される言語の選択画面

次に、**図 12** の「インストール概要」画面が表示されます。

図 12　RHEL 8 の「インストール概要」画面

　ここでは、少なくとも注意マークのアイコンの付いた項目を、設定する必要があります。けれども、ほかにも設定すべき項目があるため、以下の（1）〜（9）の手順を参考にして設定作業を進めてください。なお、インストール先のストレージに別の OS がインストール済みだった場合、ここで紹介する手順でRHEL をインストールするとすべて削除されます。ご注意ください。

（1）項目「ネットワークとホスト名」をクリックし、「オフ」になっている接続を「オン」に変更して、ネットワークを有効にします（❶）。ネットワークにつ

ながったら「完了」ボタンをクリックします（❷）。

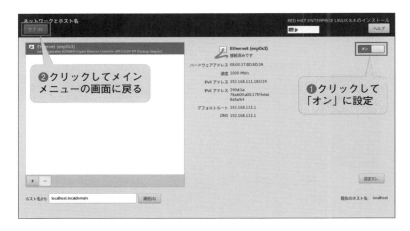

（2）項目「Red Hat に接続」をクリックし、Red Hat Developer program
に登録したユーザー名とパスワードを入力します（❶）。さらに、「Red Hat
Insights に接続します」のチェックを外して（❷）＊30、「登録」ボタンをクリッ
クします（❸）。「システムは正常にサブスクライブされています」と表示され
たら、「完了」ボタンをクリックします（❹）。

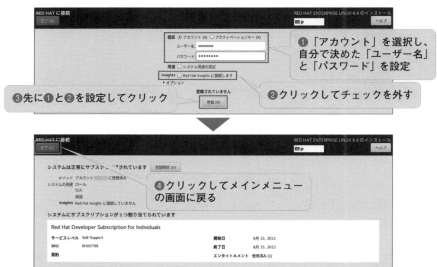

＊30　チェックを外さないと、筆者の環境ではインストール中にエラーが発生しました。

(3) 項目「日付と時刻」をクリックして、世界地図にある日本をクリック（❶）するか、または画面左上にある地域を「アジア」、都市を「東京」に設定します。ネットワークで時刻を同期したい場合は、「ネットワーク時刻」を「オン」にします（❷）。設定したら「完了」ボタンをクリックします（❸）。

(4) 項目「root パスワード」をクリックして、root のパスワードを設定します（❶）＊31。設定できたら「完了」ボタンをクリックします（❷）。

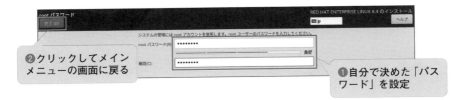

(5) 項目「ユーザーの作成」をクリックして、自身で使うためのユーザーを作成します。「フルネーム」とログインするときの「ユーザー名」、「パスワード」を入力してください（❶と❸）。また、「このユーザーを管理者にする」にチェックを入れてください（❷）。設定できたら「完了」ボタンをクリックします（❹）。

＊31　ここで設定した「root」のパスワードは、3-3 で説明する「su」コマンドで使います。

❶「フルネーム」と自分
で決めた「ユーザー名」
を入力

❹クリックしてメイン
メニューの画面に戻る

❷クリックしてチェ
ックを入れる

❸自分で決めた「パス
ワード」を設定

（6）項目「インストールソース」をクリックします。DVD-R でインストール
する場合は「自動検出したインストールメディア」を選択し、ネットワークを
介してパッケージなどを取得する場合は「Red Hat CDN」を選択します（❶）。
選択したらボタンをクリックします（❷）。

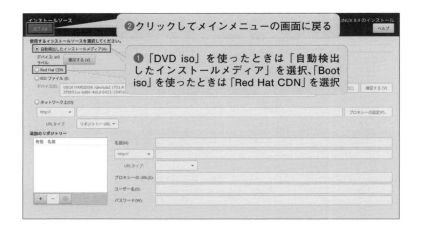

❷クリックしてメインメニューの画面に戻る

❶「DVD iso」を使ったときは「自動検出
したインストールメディア」を選択、「Boot
iso」を使ったときは「Red Hat CDN」を選択

（7）項目「ソフトウェアの選択」をクリックして、左側の「ベース環境」や右
側の「選択した環境用のその他のソフトウェア」を選びます（❶）。デフォルト
ではベース環境に「サーバー（GUI 使用）」が選択されていますが、用途に合わ
せて変更できます。また、別途必要なソフトウエアがあれば、右側の一覧から
選択します。選択できたら「完了」ボタンをクリックします（❷）。

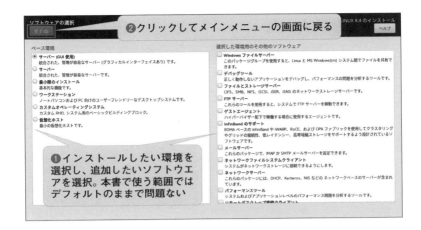

(8) 項目「インストール先」をクリックして、RHEL をインストールするストレージを確認します（❶）。インストール先のディスクが、購入したばかりの新規ストレージのときは、何も操作せずに「完了」ボタンをクリックします（❷）。

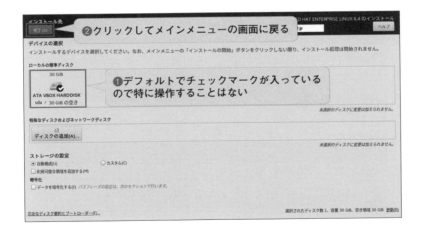

(9) インストール先のディスクに別の OS がインストールされているときは、「ストレージの設定」で「カスタム」を選択します（❶）。「手動パーティション」の画面が表示されるので、すべての既存パーティションを削除（❷〜❻）してから「ここをクリックすると自動作成します」のリンクをクリックします（❼）。パーティションの作成が設定されたら「完了」ボタンをクリックします（❽）。

表示されるウィンドウで「変更を許可する」をクリックします（❾）。

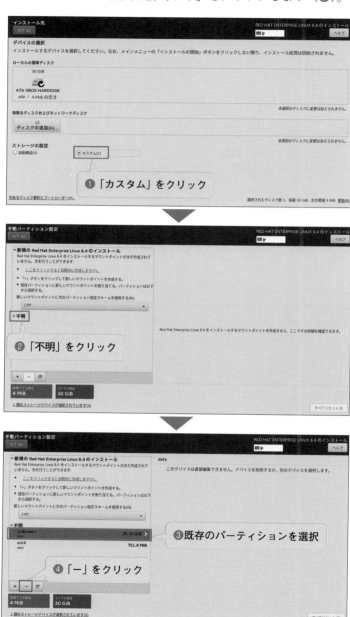

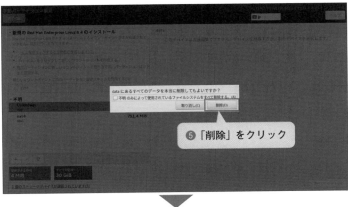

❺「削除」をクリック

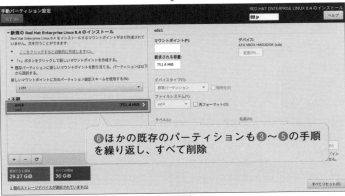

❻ほかの既存のパーティションも❸〜❺の手順
を繰り返し、すべて削除

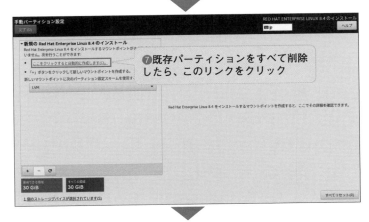

❼既存パーティションをすべて削除
したら、このリンクをクリック

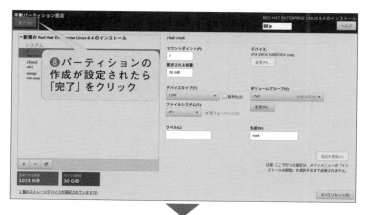

　ここまでの設定作業が済むと、**図 12** の「インストール概要」画面の右下に
ある「インストールの開始」ボタンが有効になるので、クリックします。
　インストールが完了したら、「システムの再起動」ボタンをクリックして PC
を再起動します（**図 13**）。

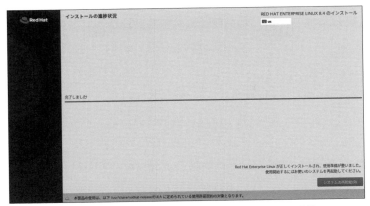

図13 インストールが完了すると表示される画面

　再起動すると「初期セットアップ」の画面が表示されます。「ライセンス情報」をクリック（図14の❶）してライセンスに同意し（同❷）、「完了」ボタンをクリックします（同❸）。

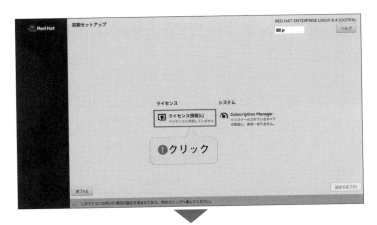

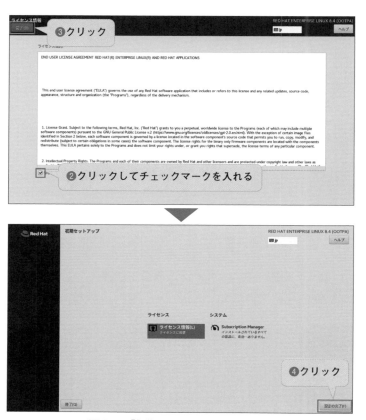

図14 「初期セットアップ」の手順

「設定の完了」ボタンをクリック（**図14**の**❹**）するとログイン画面が表示されます。インストール時に作成したユーザーを選択し（**図15**の**❶**）、パスワードを入力して［Enter］キーを押してログインします（同**❷**）。

図15　ログインの手順

　ログインに成功すると、初回ログイン時に限って「初期セットアップツール」が起動します（**図16**）。特に設定を変更する必要はないので、画面右上に表示される「次へ」または「スキップ」ボタンをクリックして先に進めてください。

図16 「初期セットアップツール」の画面

　最後に「準備完了」の画面が表示されたら「Red Hat Enterprise Linux を使い始める」ボタンをクリックします（**図17の❶**）。デスクトップ画面の操作方法を解説する「GNOME ヘルプ」の画面が表示されます。Linux を使うのが初めての方は、ぜひ読んでおくとよいでしょう。読み終わったらウィンドウの右上にある「×」マークをクリックするとウィンドウが閉じます（同❷）。

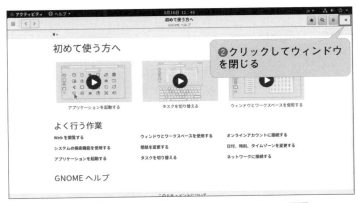

図17 「準備完了」と「GNOME ヘルプ」の画面

　デスクトップ画面が表示されて使える状態になります。ネットワークにつながっている場合、しばらくすると「ソフトウェアのアップデートが利用可能です」というメッセージが通知されます。**図18**の❶～❹を参考にして、OSを最新の状態にアップデートしておきましょう。

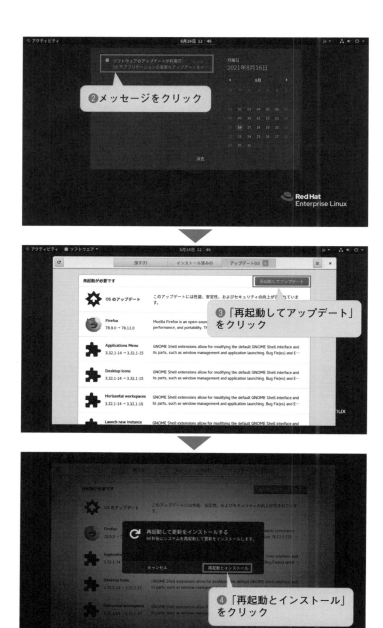

図18　通知を受け取ったタイミングで OS をアップデートする手順

アップデートは、基本的に通知を受けたタイミングで実行すれば問題ありません。もし任意のタイミングでアップデートしたいときは、**図 19** の手順でアップデート画面を起動できます。

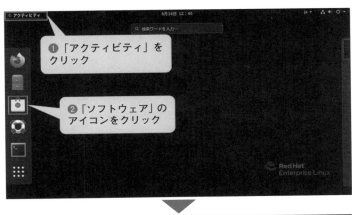

❶「アクティビティ」を
クリック

❷「ソフトウェア」の
アイコンをクリック

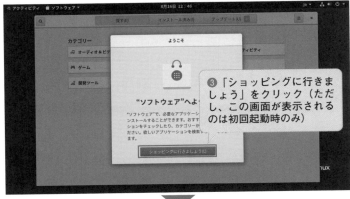

❸「ショッピングに行きま
しょう」をクリック（ただ
し、この画面が表示される
のは初回起動時のみ）

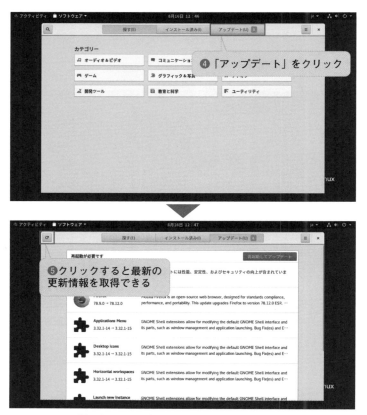

図 19　アップデート画面を表示する手順

　日本語入力は［半角 / 全角］キーで切り替えられます。もし切り替わらない
ときは、**図 20** の手順で入力モードを切り替えてください。

図20　入力モードを切り替える手順

　以上でRHELが使えるようになります。第2章からは、インストールした
RHELを使いながら読み進めると、理解が深まります。コマンド入力に使う
アプリ「端末エミュレーター」は、「アクティビティ」から起動できます（**図
21**）。

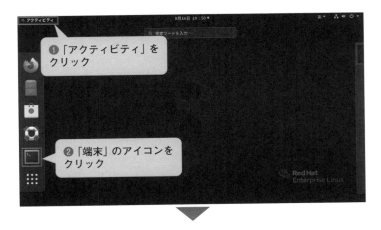

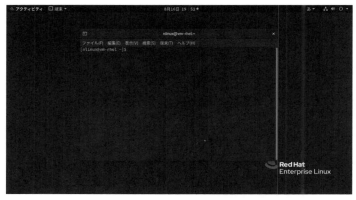

図21 「端末エミュレーター」を起動する手順

第1章の復習

◆「OS」は「カーネル」や「ウィンドウシステム」「ライブラリ」などで構成されるソフトウエアです。このうちOSの使い勝手を大きく左右するのがカーネルです。カーネルは、CPUやメモリーといった PCのリソースの割り当てを、実行中のアプリケーションやサービスごとに管理しています。

◆「Linux」は厳密にはカーネル部分だけを指しますが、一般的にはOS全体を指しています。OSとしてのLinuxのほか、アプリケーションやインストーラー、パッケージ管理システムなどで構成したソフトを「Linuxディストリビューション(ディストリビューション)」と呼びます。

◆主なディストリビューションは、「RPM形式」のパッケージを扱う「Red Hat系」と、「deb形式」のパッケージを扱う「Debian系」があります。

◆Linuxはサポートするデバイスが幅広く、古いPCや仮想化ソフトを使った仮想環境、「Raspberry Pi(ラズパイ)」のような超小型PCボードなどにインストールできます。

第 **2** 章

コマンドラインと
シェルの関係を
理解しよう

　第 1 章では、Linux の概要と動作環境について説明し、RHEL 8 のインストール手順を紹介しました。本書では、コマンドラインやシェルを駆使して Linux を使いこなせるようになることを目指しています。そこで早速これらを使っていきたいところですが、そもそも、コマンドラインやシェルとは何なのかを、まず理解しておく必要があると思います。

　そこで第 2 章では、コンピュータと文字でやり取りする「コマンドライン」と、コマンドラインを実現する「シェル」について説明します。また、コマンドラインの操作手順と、コマンドの使い方を調べる方法についても説明します。

2-1 コマンドラインとシェル

まずは「コマンドライン」と「シェル」について説明します。

2-1-1 コマンドラインとは?

Linux の多くのディストリビューションにはデスクトップ環境があります。Windows や macOS と同様、マウスやタッチパネルで直感的に操作できるようになっています。ですが、昔は、コンピュータへの指示や結果を文字だけでやりとりしていました。具体的には「コマンド」と呼ばれる命令をキーボードで入力し、コンピュータに実行してもらいます。実行結果も通常は文字で画面に表示されます。

「コマンドライン」とは、コマンドを入力する行のことです。例えば、コマンドラインに「ls」というコマンドを入力して[Enter]キーを押すと、今自分のいるディレクトリーにあるファイルの一覧を出力します。

```
コマンドプロンプト  コマンド
[usu@localhost ~]$ ls ⏎
ダウンロード   デスクトップ   ビデオ   画像   } 出力結果
テンプレート   ドキュメント   音楽   公開
```

ここで表示されている「[usu@localhost ~]$」は、コマンドが受付可能な状態であることを示す「コマンドプロンプト」です。最後の行にコマンドプロンプトが表示されていれば、コマンドを入力して実行できます。コマンドプロンプトが表示されていないときはコマンドを実行中のため、実行が終わるまで待つ必要があります。

コマンドプロンプトは、設定によって好きなように変えられます。本書では、コマンドプロンプトを「$」で示します。また、コマンドの末尾にある「⏎」は[Enter]キーを押すことを意味する記号です。コマンドプロンプトの設定については、9-2 で説明します。

2-1-2　シェルとは？

　コマンドラインでコマンドプロンプトを表示し、キーボードから入力された
コマンドを実行するのは、「シェル」というソフトウエアです[*1]。シェルは、
CPUやメモリーなどのリソースを管理するカーネルを、コマンドラインを通じ
てユーザーに橋渡しをします（図1）。

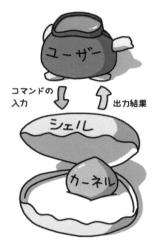

図1　シェル（貝）はユーザーとカーネル（核）を橋渡しする

　カーネルに何か処理をしてもらうには、「システムコール」と呼ばれる機構を
使う必要があります。通常は、プログラミング言語からシステムコールの関数
を呼び出します。カーネルに何かしてもらうたびにプログラムを作成するのは
大変です。そこで、カーネルに対してよく実行される処理や、その処理を実行
するコマンドを、ユーザーの代わりにシェルが実行します。

　なお、シェルと呼ばれているのは、カーネル（kernel、核）を「貝（shell）」
のように包み込んで、ユーザーにとって使いやすい機能を提供しているためです。
また、Windowsの「Explorer」や、macOSの「Finder」といったファイルマネジャー
も、ユーザーとカーネルを橋渡しするものなので、シェルの一種とされています[*2]。

[*1]　「コマンドラインインタープリタ」とも言います。「インタープリタ」とは、コマンドなどの
命令を1文ずつ実行するソフトウエアのことです。
[*2]　Windowsにも「cmd.exe」や「PowerShell」などのコマンドラインを提供するアプリがあ
ります。macOSには「ターミナル」というアプリがあり、ターミナルでシェルが動作します。

シェルにはさまざまなものがあります。代表的なシェルとしては、以下のものがあります。

● Bourne Shell（sh）

Stephen R. Bourne 氏が開発したシェルです。古くからあり、多くのシェルが sh との互換性を持っています。

● Bourne-Again Shell（bash）[*3]

GNU で開発されているオープンソースのシェルです。sh 互換ですが、さまざまな機能が追加されており、Linux ディストリビューションの大半で使用されています。macOS でも「10.3 Panther[*4]」から「10.14 Mojave」までは bash が採用されていました。

● Almquist Shell（ash）

Kenneth Almquist 氏が最初に開発した、軽量かつ高速な sh 互換のシェルです。Debian 系の Linux ディストリビューションでは、ash を基にした「Debian Almquist Shell（dash）」が sh の代わりに使われています。

● Z Shell（zsh）[*5]

ほかのシェルの便利な機能を持ちつつ、独自に進化している、sh 互換のオープンソースのシェルです。macOS では 10.15 Catalina からデフォルトのシェルとして採用されています。

● C Shell（csh）

Bill Joy 氏が開発した、BSD 系[*6]の OS で使用されているシェルです。sh とは異なり、文法が C 言語風です。実際には、後述の tcsh が使われることが多く

＊3　https://www.gnu.org/software/bash
＊4　10.12 以降は「macOS」ですが、10.0 から 10.7 までは「Mac OS X」、10.8 から 10.11 までは「OS X」という名前でした。
＊5　https://www.zsh.org
＊6　「Berkeley Software Distribution」の略で、カリフォルニア大学バークレー校で開発された OS です（広義には OS 以外のソフトウエアも含まれます）。「FreeBSD」「NetBSD」「OpenBSD」など用途や目的によって分かれており、それぞれ（協調しながら）開発が進められています。

なっています。文法の問題や機能の不足により、シェルスクリプトの記述には適さないとされています。

● **TENEX C Shell（tcsh）** [7]

csh を拡張したオープンソースのシェルです。「TENEX」という OS の機能に影響を受けていることが名前の由来です。macOS では「10.2 Jaguar」までは tcsh が採用されていました。csh と同様、シェルスクリプトの記述には適しません。

RHEL など Linux ディストリビューションの多くが bash を採用しています。本書でも bash を前提として説明します。

2-1-3　コマンドについて

「コマンド」には、プログラミング言語の文、コンピュータゲームでのボタン操作や指示など、いくつかの意味があります。本書では、前述の通り、コマンドラインで入力する命令のことを指します。コマンドには、シェル自身が処理する「内部コマンド（ビルトインコマンド）」と、Linux のアプリである「外部コマンド」があります。外部コマンドを実行するときは、Linux カーネルに実行を依頼します。

コマンドに何か処理してもらうとき、主に二つの方法で指示を出すことができます [8]。

一つ目が「引数」です。コマンドを実行するとき、コマンド名の後に、スペースで区切って引数を指定することができます。例えば、「/etc」ディレクトリーにあるファイルを参照するには、次のように ls コマンドを実行します。2-1-1 で説明した通り、コマンドプロンプトを「$」で示しています。また、「⏎」は[Enter]キーを押すことを意味します。

```
$ ls /etc ⏎
```

* 7　https://www.tcsh.org
* 8　他にも、設定ファイルや環境変数などで指示することがあります。

引数の中には、「-」や「--」で始まるものがあります。これを「オプション」と呼びます。コマンドの実行に必須ではありませんが、オプションを指定すると、コマンドの動作を変えることができます。例えば、ls コマンドを実行するときに「-l」オプションを指定すると、ファイル名だけでなく、ファイルの詳細情報を出力します。

```
$ ls -l /etc ⏎
合計 1352
-rw-r--r--. 1 root root      4536  4月 14  2020 DIR_COLORS
-rw-r--r--. 1 root root      5214  4月 14  2020 DIR_COLORS.256color
-rw-r--r--. 1 root root      4618  4月 14  2020 DIR_COLORS.lightbgcolor
-rw-r--r--. 1 root root        94  8月 12  2018 GREP_COLORS
drwxr-xr-x. 7 root root       134  3月 28 11:04 NetworkManager
(略)
drwxr-xr-x. 2 root root        57  3月 28 11:08 yum
lrwxrwxrwx. 1 root root        12  7月 29  2020 yum.conf -> dnf/dnf.conf
drwxr-xr-x. 2 root root        25  3月 28 11:14 yum.repos.d
```
ファイルの種類　ユーザー名と　ファイル　最終更新日時　　　　ファイル名
とアクセス権　　グループ名　　サイズ

　二つ目は、キーボードからの入力です。例えば、パスワードを変更する「passwd」コマンドを実行すると、次のようにキーボードからの入力を受け付けます。

```
$ passwd ⏎
ユーザー usu のパスワードを変更。
Current password: ←現在のパスワードをキーボードで入力して [Enter] キーを押します
新しいパスワード： ←新しいパスワードをキーボードで入力して [Enter] キーを押します
新しいパスワードを再入力してください： ←新しいパスワードをキーボードで入力して [Enter]
passwd: すべての認証トークンが正しく更新できました。　　　　　　　　　　キーを押します
```

　なお、キーボードからの入力を「標準入力」、コマンドの出力を「標準出力」と呼びます。標準入力と標準出力については、4-1 で詳しく説明します。

2-2 コマンドラインの利用方法

それでは実際にコマンドラインを使ってみましょう。

2-2-1 コマンドラインを使うには

Linux でコマンドラインを利用する方法は、主に次に挙げた三つがあります。Linux の動作環境が目の前にあるなら、通常は（1）を使います。画面表示がおかしいなどシステムに問題があるときは(3)を使うこともあります。Linux サーバーがインターネットや社内 LAN などにある場合は（2）を使います。

（1）「端末エミュレーター」を使う
（2）「SSH（Secure SHell）」で別のマシンからログインして使う
（3）「仮想コンソール」を使う

（1）は、デスクトップ環境でコマンドラインを使う方法です。「端末エミュレーター」は、ほかのコンピュータにつないでコマンドを実行したりする「端末」[*9]という装置と同じようなことをするプログラムです。RHEL 8 の場合、「GNOME端末」という端末エミュレーターが標準でインストールされています。デスクトップ画面左上の「アクティビティ」をクリックすると表示される「アクティビティ画面」で、画面左端の「ダッシュボード」にある「端末」アイコンをクリックするか、「端末」や「terminal」などで検索して起動します（図2）。

＊9　昔はコンピュータが高価だったため、端末をつないで、1台のコンピュータを複数の人で使っていました。

図2 「GNOME 端末」の画面

（2）の SSH を使うと、ネットワークを介して別のマシンから Linux にログインし、コマンドラインを利用できます。RHEL 8 の場合、「openssh-server」パッケージがインストール済みのため、最初から SSH でログインできるようになっています。別のマシンから RHEL 8 のマシンに SSH でログインするには、コマンドラインで「ssh」コマンドを実行するか[*10]、SSH に対応した端末エミュレーター（例えば「PuTTY」や「RLogin」「Tera Term」など）を使います。ssh コマンドの安全かつ便利な使い方については、12-2 で説明します。

（3）の方法では、コンピュータを操作する文字だけの画面である「仮想コンソール」からコマンドラインを使います。多くの Linux ディストリビューションでは、デスクトップ画面のほかにいくつかの仮想コンソールがあり、[Ctrl] キーを押しながら [Alt] キーを押し、さらに [F3] 〜 [F6] キーのいずれかを押すと、それぞれの仮想コンソールに切り替えられます。仮想コンソールに切り替わったら、ユーザー名とパスワードを入力してログインすると、コマンドラインが使える状態になります。デスクトップ画面に戻すには、[Ctrl] キーを押しながら [Alt] キーを押し、さらに [F2] キーを押します[*11]。

＊ 10　Linux はもちろんですが、Windows や macOS にも「ssh」コマンドがあります。
＊ 11　少し古いディストリビューションでは、[Ctrl] キーを押しながら [Alt] キーと [F7] キーを押すと、デスクトップ画面に戻ります。

2-2-2　コマンドラインの操作

　それでは、実際に端末エミュレーターなどを実行して、コマンドラインが使える状態にしてください。2-1 の実行例で示した通り、コマンドラインでコマンドを入力して［Enter］キーを押せば、コマンドを実行できます。本書の対象である bash には、コマンドラインで文字を入力するだけでなく、コマンドライン上の文字を編集する機能があります。キー操作と機能の対応関係を表す「キーバインド」の主なものを**表1**に示します。表にある［Ctrl + D］や［Ctrl + H］といった表記は、複数のキーを同時に押す操作を意味します。例えば［Ctrl + D］は、［Ctrl］キーを押しながら［D］キーを押す操作を示しています。

キー操作	機能
［Delete］または［Ctrl + D］	カーソル位置の文字を削除
［Backspace］または［Ctrl + H］	カーソル位置の手前の文字を削除
［←］または［Ctrl + B］	カーソル位置を 1 文字分左に移動
［→］または［Ctrl + F］	カーソル位置を 1 文字分右に移動
［↑］または［Ctrl + P］	一つ前に実行したコマンドへ移動
［↓］または［Ctrl + N］	一つ後に実行したコマンドへ移動
［Ctrl + A］または［Home］	カーソル位置をコマンドラインの先頭に移動
［Ctrl + E］または［End］	カーソル位置をコマンドラインの末尾に移動
［Alt + B］	カーソル位置を 1 単語分左に移動
［Alt + F］	カーソル位置を 1 単語分右に移動
［Ctrl + U］	先頭からカーソル位置の手前までの文字をすべて削除
［Ctrl + K］	カーソル位置から行末までの文字をすべて削除
［Ctrl + L］	画面のクリア
［Ctrl + C］	コマンドの強制終了
［Alt + <］	最も古く実行したコマンドへ移動
［Alt + >］	直近に実行したコマンドへ移動
［Ctrl + S］	コマンドの出力を一時的に停止
［Ctrl + Q］	［Ctrl + S］で停止した出力を再開

表1　bash の主なキーバインド（キー操作と機能）

　カーソルは、テキストエディタと同じように［←］［→］キーで左右に移動させることができます。カーソル位置で文字を入力したり、カーソル位置や手前の文字を［Delete］キーや［Backspace］キーで削除したりすることもできます。

　［↑］キーを押すと、過去に実行したコマンドをコマンドラインに表示できま

す。「↑」キーを押すごとに過去のコマンドへさかのぼります。さかのぼりすぎたときは、「↓」キーを押すと戻せます。コマンドの履歴を利用する方法については、9-1で詳しく説明します。

なお、カーソル（矢印）キーの上下左右の代わりに、［Ctrl + P］キー、［Ctrl + N］キー、［Ctrl + B］キーおよび［Ctrl + F］キーでもカーソルを移動できます[12]。

ほかにも編集する機能があります。［Ctrl + A］キーおよび［Ctrl + E］キーを押すと、それぞれコマンドラインの先頭および末尾にカーソルを移動できます。［Alt + B］キーや［Alt + F］キーを押すと、それぞれ単語単位で左右に移動できます。［Ctrl + U］キーもしくは［Ctrl + K］キーを押すと、カーソル位置まで、もしくはカーソル位置以降の行末までの文字をすべて削除できます。

コマンドの実行が、いつまで経っても終わらないことがあります。例えば、次のように「yes」というコマンドを実行すると、「y」という文字を延々と出力し続けます。

```
$ yes ⏎
y
y
y
（略）
```

延々と出力される「y」を止めるには、実行されている yes コマンドを強制的に終了させるしか方法がありません[13]。このようなときは［Ctrl + C］キーを押します。

また、実行中のコマンドが大量のメッセージを出力し続けているようなとき、メッセージを確認するために出力を一時的に止めたいことがあります。そのようなときは、［Ctrl + S］キーを押します。一時的に止めた出力を再開するには［Ctrl + Q］キーを押します。たまに、コマンドを実行しようとしてキーを押しても何も出力されないことがありますが、そんなときは［Ctrl + Q］キーを押

---

[12]　「Emacs」というテキストエディタと同じキーバインドです。**表1**にあるキーバインドの大半は Emacs と同じです。
[13]　「kill」コマンドで終了させる方法もあります。5-2で詳しく説明します。

してみてください。気付かずに［Ctrl ＋ S］キーを押して出力を止めてしまっていた場合、出力を再開できます。

2-2-3　コマンドの使い方を知るには

　Linux にはたくさんのコマンドがあります。コマンドの機能や引数など、使い方を調べる方法を二つ紹介します[*14]。一つ目が「man」コマンドです。調べたいコマンド名を引数に指定して実行すると、そのコマンドのオンラインマニュアルを閲覧できます[*15]。例えば、ls コマンドのオンラインマニュアルを閲覧するには次のように実行します。

```
$ man ls ⏎
```

　man コマンドを実行すると、「less」というコマンドを介してオンラインマニュアルを表示します（**図3**）。less コマンドは、テキストファイルを閲覧する「ページャー」の一つです。less コマンドの主なキーバインドを**表2**に示します[*16]。基本的には、［↑］［↓］キーや［Space］キーなどでオンラインマニュアルのページを行き来できます。

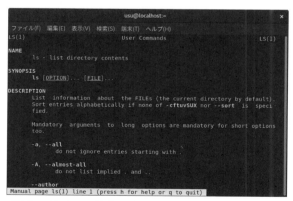

図3　GNOME 端末で「man ls ⏎」を実行した結果

＊14　もちろん、インターネットで検索するという方法もあります。
＊15　オンラインマニュアルがないコマンドもあります。なお、「man man ⏎」を実行すると、man コマンドの使い方がわかります。
＊16　「man less ⏎」を実行すると、less コマンドのキーバインドの詳細がわかります。

キー操作	機能
「f」を入力、または [Space]、[Ctrl + F]、[Ctrl + V]	1ページ次へ進む
「b」を入力、または [Ctrl + B]、[Alt + V]	1ページ前に戻る
「j」を入力、または [↓]、[Enter]、[Ctrl + N]、[Ctrl + E]、[Ctrl + J]	1行次へ進む
「k」または「y」を入力、または [↑]、[Ctrl + P]、[Ctrl + K]、[Ctrl + Y]	1行前に戻る
「d」を入力、または [Ctrl + D]	半ページ次へ進む
「u」を入力、または [Ctrl + U]	半ページ前に戻る
[→] または [Alt +)]	半ページ右へ進む
[←] または [Alt + (]	半ページ左へ戻る
数字を入力した後、「g」を入力	入力した行へ移動
「g」を入力、または [Home]	最初のページへ移動
「G」を入力、または [End]	最後のページへ移動
「/」と入力してから検索したい文字列を入力して [Enter] キーを押す	文字列の検索
「n」を入力	次の検索結果に移動
「h」を入力	ヘルプの表示
「q」を入力	終了またはヘルプの終了

表2 「less」コマンドの主なキーバインド（キー操作と機能）

「/」と入力し、続けて検索したい文字列[17]を入力して [Enter] キーを押すと、入力した文字列を検索できます。例えば、「group」がどこに記載されているか検索したい場合は、「/group」と入力します。「n」を入力すると、次の「group」の検索結果へ移動できます。

二つ目の方法は、「--help」オプションです。「--help」を引数に指定してコマンドを実行すると、簡単な使い方を出力してくれます。例えば、ls コマンドは次のように出力されます。

```
$ ls --help ⏎
使用法：ls [オプション]... [ファイル]...
List information about the FILEs (the current directory by default).
Sort entries alphabetically if none of -cftuvSUX nor --sort is specified.

Mandatory arguments to long options are mandatory for short options too.
  -a, --all                 . で始まる要素を無視しない
```

＊17 「文字列」とは文字が並んだものです。本書では単語や文を想定しています。

```
 -A, --almost-all            . および .. を一覧表示しない
     --author               -l と合わせて使用した時、各ファイルの作成者を表示する
 -b, --escape               表示不可能な文字の場合に C 形式のエスケープ文字を表示
する
     --block-size=SIZE      with -l, scale sizes by SIZE when printing th
em;
                              e.g., '--block-size=M'; see SIZE format bel
ow
 -B, --ignore-backups       do not list implied entries ending with ~
（略）
 -l                         詳細リスト形式を表示する
（略）
 -1                         list one file per line.  Avoid '\n' with -q o
r -b
     --help     この使い方を表示して終了する
     --version  バージョン情報を表示して終了する
（略）
```

　ただし、すべてのコマンドが「--help」オプションに対応しているわけではありません。

第 2 章の復習

◆「コマンドライン」とはコマンドを入力する行のこと、「シェル」とはユーザーとカーネルの橋渡しを担うソフトのことです。

◆コマンドに処理を指示する方法は二つあります。一つは「引数」を指定する方法、もう一つはキーボードから直接入力する方法です。

◆コマンドラインの操作にはさまざまなキーバインドが利用できます。

◆「man」コマンドまたは「--help」オプションを使うと、コマンドの使い方を知ることができます。

第 3 章

Linux の構造を
頭の中に叩き込もう

　第2章では、コマンドラインとシェルの概要、コマンドラインの操作手順と、コマンドの使い方について説明しました。後は、コマンドとシェルの使い方を覚えれば、コマンドラインを使いこなせるようになる…と言いたいところですが、その前に、もう一つ説明しておきたいことがあります。それは、Linux の構造、ファイルやディレクトリーの操作方法とそれらの権限についてです。

　Linux では、いろいろな情報をファイルに格納しています。例えば、Linux カーネルは、本体のファイルと、複数のモジュール（と呼ばれるファイル）で構成されています。コマンドの実体は、大抵は1個の実行可能なファイルです。各種サービスの設定は、それぞれ個別に用意された設定ファイルに格納されています。また、ファイルを介してシステムやデバイスの状態を得たり操作したりすることもできます。例えば、カメラでの撮影や音の再生といったデバイスの操作、CPU 負荷の確認やプロセス同士の通信などです。

　これらのファイルが格納されている場所は決まっています。ですので、Linux システム全体の構造を理解する必要があります。さらに、ディレクトリーやファイルの操作方法を知っておくことで、これらのファイルを参照したり変更した

りといったことが可能になります。ただし、誰でもそれらの操作ができるわけではなく、ファイルごとに権限が決まっています。

　そこで第3章では、Linuxを形作っている「ファイル」と「ディレクトリー」に関する基本を説明します。具体的には、Linuxのディレクトリー構造、ファイルやディレクトリーを操作する方法（コマンド）、ファイルの所有者や権限を示すための「ユーザー」と「グループ」について説明します。

3-1 Linux の構造

まずは、Linux のディレクトリー構造と、コマンドが実行される仕組みについて説明します。

3-1-1 ディレクトリー構造

Windows や macOS では、アプリや文書、音楽、動画、画像などの情報をファイルに格納して扱います。いくつかのファイルをフォルダーという入れ物にまとめてグループ化することで、管理しやすくしています。Linux も同様です。ただ、フォルダーのことを「ディレクトリー」と呼んでいます[*1]。本書でもディレクトリーと記します。

Linux のディレクトリー構造を**図1**に示します。

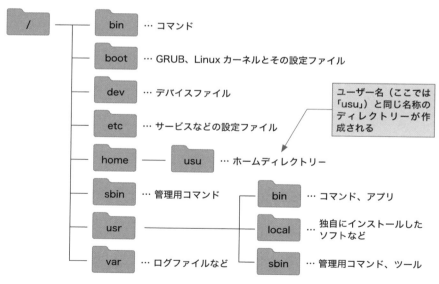

図1 Linux のディレクトリー構造（主なディレクトリー）

---

*1 厳密には、「ディレクトリー」はファイルシステムに存在する入れ物であり、「フォルダー」は存在しない仮想的な入れ物（例えば「マイネットワーク」や「コントロールパネル」）も含みます。

一番上にあるディレクトリーが「/」（ルート）ディレクトリーです。ユーザー
が一般的に使うコマンド（の実体であるファイル）は、ルートディレクトリー
の直下にある「bin」ディレクトリーか、同じく直下にある「usr」ディレクトリー
の下にある「bin」にあります。これらは通常、ディレクトリーやファイルを「/」
でつないで、それぞれ「/bin」や「/usr/bin」のように[*2]、簡潔に表すことがで
きます（**図2**）。これを「パス」と言います。

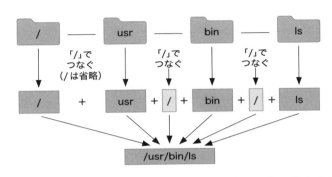

図2　ディレクトリーやファイルを「/」で連結したものが「パス」

　また、管理者が使う管理用のコマンドは、「/usr/sbin」もしくは「/sbin」
にあります[*3]。これらのディレクトリーにあるコマンドやアプリは、通常は
Linux ディストリビューションが提供します。そうでないものは、一般的には、「/
usr/local/bin」や「/usr/local/sbin」、または「/opt」以下にインストールされ
ます。

　「/boot」ディレクトリーには、システムの起動に必要なファイルが格納され
ています。例えば、PC の場合、電源を入れると、「UEFI（Unified Extensible
Firmware Interface）」という「ファームウエア」（機器に組み込まれたソフト
ウエア）が起動します[*4]。UEFI は、ハードウエアを初期化した後、/boot ディ
レクトリーに格納されている「ブートローダー」を実行します[*5]。Linux の場合、

＊2　RHEL 8の場合、「/usr/bin」と「/bin」は同一です（/bin は /usr/bin のシンボリックリンクです。
シンボリックリンクとは、Windows の「ショートカット」のようなものです）。
＊3　RHEL 8 の場合、「/usr/sbin」と「/sbin」は同一です（/sbin は /usr/sbin のシンボリック
リンクです）。
＊4　厳密には、UEFI 自体は仕様であり、ファームウエアは「UEFI BIOS」と呼ばれています。
＊5　ストレージに格納されている情報をメモリーにコピーして実行するという意味です。

GNU が開発している「GRUB (GRand Unified Bootloader)」というブートローダーがよく使われています。GRUB は、ユーザーからの指示や設定を基に、同じく /boot ディレクトリーにある Linux カーネルを実行します。Linux カーネルは、初期化処理を行った後、さまざまなサービスを実行することで、ユーザーがアプリやコマンドなどを便利に使えるようにお膳立てをしてくれます。

3-1-2　コマンドと PATH

　第 3 章の冒頭でも述べた通り、コマンドの実体は 1 個の実行可能なファイルです。そして、一般ユーザーが使うコマンドの実体であるファイルは、「/usr/bin」や「/bin」にあります。例えば、ls コマンドの実体は「/usr/bin/ls」というファイルです[6] が、コマンドラインで「ls」と入力するだけで、/usr/bin/ls が実行されるようになっています。なぜそうなっているかといいますと、「PATH」と呼ばれる設定があるためです。シェルは、PATH に設定されているディレクトリーを順番に探索して、最初に見つかった実行可能なファイルを実行します[7]。

　PATH は「環境変数」と呼ばれる変数（値を格納する箱）の一つです。次のように、文字列を出力する「echo」コマンドを実行すると、PATH の設定内容を確認できます（環境変数の概要と設定手順については、9-2 で説明します）。

```
$ echo $PATH 
/home/usu/.local/bin:/home/usu/bin:/usr/local/bin:/usr/bin:/usr/local/sbin
:/usr/sbin
```

　例えば、コマンドラインで ls を実行すると、まず「/home/usu/.local/bin」に ls という実行ファイルがないか探します。なければ次に「/home/usu/bin」にないか探し、なければさらに「/usr/local/bin」を探します。順番に探しに行き、「/usr/bin」に ls が見つかると、検索をやめて「/usr/bin/ls」を実行します。

---

[6]　Debian 系のディストリビューションでは「/bin/ls」にあります。
[7]　Windows にも環境変数「Path」があります。コマンドが格納されているフォルダーを「;」（セミコロン）で区切って列挙します。macOS では bash や zsh を使うため、Linux と同じです。

なお、PATH を探索して実行されるコマンドは、2-1 で説明した外部コマンドです。シェル自身が処理する内部コマンドは、シェルの中に組み込まれており、PATH を探索する前に実行されます。前述の echo コマンドは、内部コマンドにも外部コマンド（/usr/bin/echo）にもありますが、次のようにコマンド名だけを入力すると、内部コマンドが実行されます。

```
$ echo "Hello!" ⏎
Hello!
```

　もし、外部コマンドの echo を実行したい場合は、次のようにパスで指定します*8。

```
$ /usr/bin/echo --help ⏎
```

＊8　「--help」オプションは、内部コマンドの echo では未対応です。試しに「echo --help」と実行してみてください。

3-2 ファイルとディレクトリーの操作

いよいよ、実際にファイルやディレクトリーをコマンドで操作していきます。

3-2-1　ディレクトリーの操作（絶対パスと相対パス）

コマンドラインでは、自分が今いるディレクトリーを起点として作業を行います。自分がいるディレクトリーのことを「カレントディレクトリー」と言います（**図3**）。端末エミュレーターを起動したり、SSHや仮想コンソールでログインすると、最初は、自分が自由に使える「ホームディレクトリー」がカレントディレクトリーになります。ホームディレクトリーは「/home/ユーザー名」です。

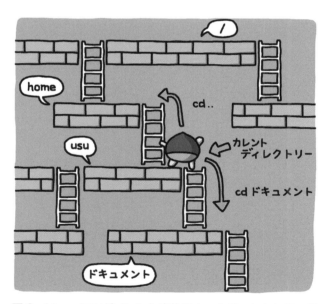

**図3　Linuxにログインした直後はホームディレクトリーが
カレントディレクトリーとなる**

カレントディレクトリーを確認するには、「pwd」コマンドを使います。次の

ように引数を指定せずに実行すると、カレントディレクトリーを出力します。

```
$ pwd ⏎
/home/usu
```

　カレントディレクトリーを変更するには、「cd」コマンドを使います。カレントディレクトリーに設定したいパスを引数に指定して実行します。例えば、「/home」ディレクトリーに移動したい場合、次のように実行します。

```
$ cd /home ⏎
```

　前述の cd コマンドや ls コマンドもそうですが、引数にパスを指定して何か処理をしてもらうコマンドが多くあります。それらのパスの指定の仕方には、「絶対パス」と「相対パス」の2種類があります。
　絶対パスは、「/」で始まるパスのことです。今まで紹介したパスが絶対パスです。相対パスは、カレントディレクトリーを起点として相対的に表すパスのことです。例えば、ホームディレクトリー直下の「ドキュメント」ディレクトリーにある「foo.txt」というファイルを絶対パスで表すと、「/home/ ユーザー名/ドキュメント/foo.txt」です＊9。カレントディレクトリーがホームディレクトリーの場合、これを相対パスで表すと、「ドキュメント/foo.txt」となります。
　なお、カレントディレクトリーを「.」（ドットまたはピリオド）、一つ上の親ディレクトリーを「..」で表すこともできます。ですので、前述の「ドキュメント/foo.txt」という相対パスは、「./ドキュメント/foo.txt」と表すこともできます。また、カレントディレクトリーがホームディレクトリーの場合、「/home」を相対パスで「..」と表すこともできます。

＊9　「foo」とは「メタ構文変数」と呼ばれる意味のない名前のことです。コマンドの実行例によく出てきます。ほかに「bar」「baz」などがあります。

3-2-2　ファイルの閲覧

　ディレクトリーにあるファイルの一覧を閲覧するには、前述の通り ls コマンドを使います[*10]。引数なしで実行すると、カレントディレクトリーのファイルの一覧を出力します。パスを引数に指定すると、指定したパスにあるファイルの一覧を出力します。2-1 で紹介しましたが、「-l」オプションを引数に指定すると、ファイル名だけでなく、ファイルの詳細情報を出力します。

　ls コマンドでは、「.」で始まるファイルを出力しません[*11]。次のように「-a」オプションを引数に指定して実行すると、「.」で始まるファイルも出力します。前述の「.」や「..」があることも確認できます。

```
$ ls -a
.                .bash_logout    .config    .mozilla    テンプレート    音楽
..               .bash_profile   .esd_auth  .pki        デスクトップ    画像
.ICEauthority    .bashrc         .lesshst   .ssh        ドキュメント    公開
.bash_history    .cache          .local     ダウンロード  ビデオ
```

　ファイルの内容を出力するには、「cat」コマンドを使います。ファイルのパスを引数に指定して実行します。

```
$ cat ドキュメント/foo.txt
```

　cat コマンドではファイルの内容を一度にすべて出力するため、ファイルの内容が多いと画面に収まり切らないことがあります。このようなときは、2-2 で紹介したページャーである「less」コマンドを使うと、ファイルの内容をページ単位で閲覧できます。

```
$ less ドキュメント/foo.txt
```

---

* 10　ディレクトリーもファイルの一種のため、ディレクトリーも出力の対象です。
* 11　「.」（ドットまたはピリオド）で始まるファイルは、アプリケーションやツールの設定ファイルであることが多いです。Windows の隠しファイルのようなものです。

ただし、cat コマンドも less コマンドも、基本的にはテキスト形式のファイルを参照するためのものです。例えば、ls コマンド自体を cat コマンドで出力しようとすると、**図4**のように文字化けしたような出力になってしまいます。

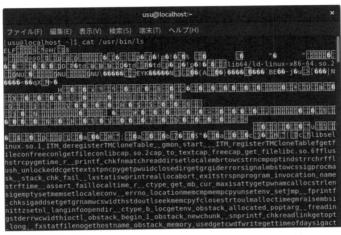

図4　「ls」コマンドを「cat」コマンドで出力した結果

　less コマンドでテキスト形式以外のファイルを指定すると、次のように本当に表示するか聞いてきます。参照したい場合は「y」、参照せずに less コマンドを終了するには「n」を入力します。

```
$ less /usr/bin/ls ⏎
"/usr/bin/ls" may be a binary file.  See it anyway?
```

3-2-3　ファイルの「コピー」「移動」「削除」

　ファイルのコピーや移動（名前の変更）、削除を行うには、それぞれ「cp」「mv」「rm」コマンドを使います（**図5**）。

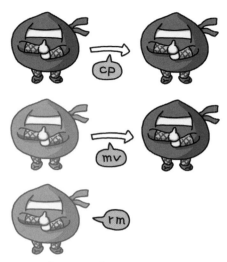

図5　ファイルの「コピー」「移動」「削除」を実行するコマンド

　ファイルをコピーするには、コピー元とコピー先のファイル名を引数に指定して「cp」コマンドを実行します。例えば、「ドキュメント/送り状 1.docx」というファイルを「ドキュメント/送り状 2.docx」というファイル名でコピーするには、次のように実行します。

```
$ cp ドキュメント/送り状 1.docx ドキュメント/送り状 2.docx ⏎
```

　複数のファイルを、指定したディレクトリーへまとめてコピーすることもできます。コピー元の複数のファイルを指定した後、最後の引数にコピー先のディレクトリーを指定します。例えば、「送り状 1.docx」「送り状 2.docx」および「送り状 3.docx」を「ドキュメント」ディレクトリーへコピーするには、次のように実行します[*12]。

```
$ cp 送り状 1.docx 送り状 2.docx 送り状 3.docx ドキュメント/ ⏎
```

....
＊12　実行例で指定している「ドキュメント/」の末尾の「/」は省略できます。本書では、直前の文字列がディレクトリー名であることを明確にするために付けています。

cp コマンドでコピーすると、コピー先のファイルの日付（最終更新日時）が現在の日時に設定されます。ですが、「-p」オプションを指定すると、コピー元のファイルと同じ最終更新日時にできます。

```
$ cp -p ドキュメント/送り状1.docx ドキュメント/送り状2.docx ⏎
```

　ほかにも、コピー先のファイルが既に存在する場合に上書きしてもよいか確認してくれる「-i」オプションや、処理結果を教えてくれる「-v」オプションなど、さまざまなオプションがあります。
　ファイルを別のディレクトリーへ移動したり、違う名前に変更するには、「mv」コマンドを使います。元のファイル名と、移動先のディレクトリーもしくは新しいファイル名を引数に指定します。例えば、「ダウンロード/test1.mp4」と「ダウンロード/test2.mp4」というファイルを「ビデオ」ディレクトリーへ移動するには、次のように実行します。

```
$ mv ダウンロード/test1.mp4 ダウンロード/test2.mp4 ビデオ/ ⏎
```

　また、「実行礼.txt」というファイルを「実行例.txt」という名前に変更（修正）するには、次のように実行します。

```
$ mv 実行礼.txt 実行例.txt ⏎
```

　ファイルを削除するコマンドは「rm」です。削除したいファイルを引数に指定します。例えば、「不要.pdf」と「要らない.pdf」を削除するには、次のように実行します。

```
$ rm 不要.pdf 要らない.pdf ⏎
```

　mv コマンドや rm コマンドにもいろいろなオプションがあります。例えば、cp コマンドと同様、「-i」や「-v」オプションが使えます。

3-2-4　ディレクトリーの「作成」「コピー」「移動」「削除」

　ディレクトリーの作成やコピー、移動（名前の変更）、削除を行うには、それ
ぞれ「mkdir」「cp」「mv」「rmdir」「rm」コマンドを使います（**図6**）。

図6　ディレクトリーの「作成」「コピー」「移動」「削除」を実行するコマンド

　ディレクトリーを作るには「mkdir」コマンドを使います。例えば、「ドキュ
メント」ディレクトリーの下に「2021年」というディレクトリーを作成するには、
次のように実行します。

```
$ mkdir ドキュメント/2021年 ⏎
```

　mkdirコマンドでは、指定されたディレクトリーのみを作成します。例えば、
「ドキュメント/2020年」というディレクトリーが存在しないのに、「ドキュメ

ント/2020年/01月」というディレクトリーを作成しようとするとエラーになります。

```
$ mkdir ドキュメント/2020年/01月 ⏎
mkdir: ディレクトリ `ドキュメント/2020年/01月' を作成できません : そのようなファイルやディレクトリはありません
```

　ですが、「-p」オプションを指定すると、途中のディレクトリーが存在しなくても、自動で作成してくれます。

```
$ mkdir -p ドキュメント/2020年/01月 ⏎
```

　ディレクトリーの中身も含めてコピーするには「cp」コマンドを使います。「-r」オプションと、コピー元のディレクトリー、コピー先のディレクトリー名を引数に指定します。例えば、「ドキュメント/2011年/06月」を「ドキュメント/バックアップ/2011年6月」へコピーするには、下記のように実行します。

```
$ cp -r ドキュメント/2011年/06月 ドキュメント/バックアップ/2011年6月 ⏎
```

　ただし、コピー先に指定したディレクトリーが存在する場合、コピー先のディレクトリーの下に、コピー元のディレクトリーをコピーします。例えば上記の例で、「ドキュメント/バックアップ/2011年6月」が既に存在する場合、コピー元のディレクトリーが「ドキュメント/バックアップ/2011年6月/06月」にコピーされます。
　ディレクトリーを移動したり名前を変更したりするには「mv」コマンドを使います。元のディレクトリーと、移動先または変更後のディレクトリー名を引数に指定します。例えば、「ドキュメント/バックアップ/2011年6月」を「ドキュメント/2011年/06月」へ移動するには、次のように実行します。

```
$ mv ドキュメント/バックアップ/2011年6月 ドキュメント/2011年/06月 ⏎
```

　mv コマンドも、前述の cp コマンドと同様、コピー先のディレクトリーが存

在する場合は、その下にディレクトリーを移動します。

　ディレクトリーを削除するには「rmdir」コマンドを使います。例えば「不要」
というディレクトリーを削除するには、次のように実行します。

```
$ rmdir 不要 ⏎
```

　ただし、ディレクトリーの中にファイルがあると、rmdir コマンドでは削除
できません。ディレクトリーの中にファイルがあっても削除したいときは、rm
コマンドを使います。次のように、「-r」オプションと削除したいディレクトリー
を引数に指定して実行します。

```
$ rm -r 不要 ⏎
```

3-3 ユーザーとグループによるアクセス制御

ファイルやディレクトリーには「所有者」と「グループ」が設定されており、それによってアクセス（参照や操作）の権限が決まります。ここでは、アクセスの権限を設定する方法を説明します。

3-3-1　ユーザーとグループ

アクセスの権限の設定について説明する前に、それらを決める要素である「ユーザー」と「グループ」について説明しておきます。

Windows や macOS と同じく Linux でも、「ユーザー名」と、そのユーザーだけが知っている「パスワード」を入力してログインします[*13]。ログインすると、そのユーザーが許可されている範囲内で、コマンドを実行できるようになります。

また、複数のユーザーをひとまとめにして扱う「グループ」があります（**図7**）。グループに属しているユーザーにだけファイルの閲覧や変更を許可する、といった使い方ができます。

ユーザーは、必ずいずれかのグループに属します。また複数のグループに属することもできます。自身が属しているグループを確認するには、「groups」コマンドを使います。次のように引数なしで実行します。

```
$ groups ⏎
usu wheel
```

---

*13　正当なユーザーかどうか確認することを「ユーザー認証」と言います。

図7 「グループ」を設定して複数のユーザーをひとまとめにできる

3-3-2　ファイルのパーミッション

　Linux では、個々のファイルやディレクトリーに対して、所有者とグループ
が必ず設定されています。それにより、ユーザーを（1）所有するユーザー「所
有者」、（2）グループに属するユーザー「グループ」、（3）所有者でもなくグルー
プにも所属しない「その他」の三つに分類し、それぞれのユーザーに
対して「読み」「書き」「実行」（ディレクトリーの場合は「移動」）の許可を設
定できるようになっています。設定した許可に関する情報のことを「パーミッ
ション」と言います[14]。

　ファイルの所有者やグループ、パーミッションを確認するには、ls コマンド
を使います。2-1 で説明した通り、「-l」オプションを指定して ls コマンドを実
行すると、ファイルの詳細情報を出力しますが、その中にこれらの情報があり
ます。

＊14　「permission」を日本語に訳すと「許可」です。そのまんまですね。

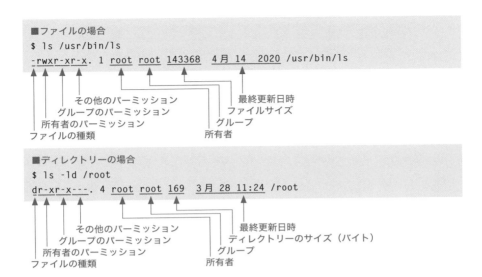

■ファイルの場合
```
$ ls /usr/bin/ls
-rwxr-xr-x. 1 root root 143368  4月 14  2020 /usr/bin/ls
```
ファイルの種類
所有者のパーミッション
グループのパーミッション
その他のパーミッション
所有者
グループ
ファイルサイズ
最終更新日時

■ディレクトリーの場合
```
$ ls -ld /root
dr-xr-x---. 4 root root 169  3月 28 11:24 /root
```
ファイルの種類
所有者のパーミッション
グループのパーミッション
その他のパーミッション
所有者
グループ
ディレクトリーのサイズ（バイト）
最終更新日時

　まず、先頭の1文字で、ファイルの種類を表します（**表1**）。「-」は普通のファイル、「d」はディレクトリーを表します。

文字	ファイルの種類
-	通常のファイル
b	ブロックデバイス
c	キャラクターデバイス
d	ディレクトリー
l	シンボリックリンク
p	パイプ
s	ソケット

表1　ファイルの種類

　次の9文字が、所有者、グループ、その他のパーミッションを表します（**表2**）。それぞれ3文字でパーミッションを表しています。「r」「w」「x」がそれぞれ読み込み、書き込み、実行の権限を表します。ディレクトリーの場合は、それぞれ、ファイル一覧の取得（＝読み込み）、ファイルの作成・改名・削除（＝書き込み）、そのディレクトリーへの移動（＝実行）です。

第3章

文字	ファイルのアクセス権	ディレクトリーのパーミッション
-	（その権限がない）	（その権限がない）
r	ファイルの読み込み	ファイル一覧の取得
w	ファイルへの書き込み	ファイルの作成・改名・削除
x	ファイルの実行	そのディレクトリーへの移動

表2　ファイルの主なパーミッション

　先ほどの ls コマンドの場合、「/usr/bin/ls」のパーミッションは、所有者には読み込み、書き込み、実行のすべて、グループとその他には読み込みと実行が許可されています。「/root」ディレクトリーの場合は、所有者とグループには読み込みと実行が許可されていますが、その他には何も許可されていません。

3-3-3　ファイルのパーミッションの設定

　ファイルのパーミッションを変更するには、「chmod」コマンドを使います。パーミッションの指定の仕方には二つあります。一つは、現在のパーミッションを基に変更する方法です。この方法を「シンボリックモード」と言います。次に書式を示します。

■シンボリックモードの書式
chmod　ユーザー演算子パーミッション　ファイル名（略）

　第 1 引数の最初に、パーミッションを変更するユーザーを、**表 3** に示す文字で一つ以上指定します。次に、**表 4** に示す「演算子」で、現在のパーミッションからの追加や削除、設定などを指示します。最後に、**表 2** の文字でパーミッションを指定します。

文字	ユーザーの種類
u	所有者
g	グループ
o	その他
a	すべて（所有、グループ、その他）

表3　「chmod」コマンド（シンボリックモードの場合）で指定するユーザーの種類

演算子	意味
+	アクセス権の追加
-	アクセス権の削除
=	アクセス権の設定

表4 「chmod」コマンド（シンボリックモードの場合）で指定する演算子

すでにパーミッションが設定されている状態から変更したいときは、シンボリックモードを使って設定を行います。例えば、「秘密.txt」というファイルに対して、所有者とグループのパーミッションは変更せず、その他のユーザーが何もできないように設定するには、次のように chmod コマンドを実行します。

```
$ chmod o-rwx 秘密.txt ⏎
```

また、「ホームバックアップ.sh」というファイルに対して、実行以外のパーミッションはそのままで、すべてのユーザーに実行のパーミッションを付与するには、下記のように実行します。

```
$ chmod a+x ホームバックアップ.sh ⏎
```

chmod コマンドでパーミッションを指定するもう一つの方法では、パーミッションを8進数の値で直接指定することです。これを「数値モード」と言います。次に書式を示します。

■数値モードの書式
chmod　8進数のパーミッション　ファイル名（略）

パーミッションを、**表5**に示す数値に置き換えて足し合わせた値で指定します。

数値	パーミッション
4	読み込み（r）
2	書き込み（w）
1	実行（x）

表5　chmod コマンド（数値モードの場合）で指定する数値

例えば「rw-」の場合、それぞれを数値に置き換えて足すと「4＋2」となり、結果は「6」になります。この値を、ユーザー、グループ、その他のそれぞれで求め、つなぎ合わせて3桁にした8進数の数値を、第1引数に指定します。

パーミッションを正確に指定したいときは、数値モードを使って設定します。例えば、「秘密.txt」というファイルを、所有者のみ読み書きできるようにし、所有者以外は何もできないようにするには、次のように実行します。具体的には、所有者には読み込み「4」と書き込み「2」を足して「6」を、グループとその他には何も許可しないため「0」を指定します。

```
$ chmod 600 秘密.txt ⏎
```

また、「ホームバックアップ.sh」というファイルに対して、所有者にはすべて（読み込み「4」＋書き込み「2」＋実行「1」＝「7」）、グループには読み込みと実行（「4」＋「1」＝「5」）、そのほかには実行のみ（「1」）を許可するには、次のように実行します。

```
$ chmod 751 ホームバックアップ.sh ⏎
```

3-3-4　スーパーユーザーと管理者権限

Linux では、Windows の「アドミニストレーター」に相当する、システムを管理するためのあらゆる権限 (本書では「管理者権限」と呼びます) を持つ「スーパーユーザー」というユーザーがいます。ユーザー名は「root」です。ほかのユーザーと同じく、root ユーザーでログインすることもできます。

ただし、緊急のとき以外は root ユーザーでログインしないことが推奨されています[15]。その理由は、大事なファイルを不注意で消してしまうなど、システムに大きな損害を与えてしまう危険性があるためです。

ほかにも、誰がその操作を行ったのか記録が残らない（スーパーユーザーが行ったということしかわからない）、root ユーザーのパスワードを知っている人

※ 15　Ubuntu など Debian 系のディストリビューションでは、root ユーザーにパスワードが設定されていません。このため、管理者権限が必要なときは、sudo コマンドを使います。

なら誰でもログインできてしまう、という問題もあります。

　スーパーユーザーの役割や日々行う作業については、第 10 章で説明します。ここでは、管理者権限を得る方法と、ファイルの所有者とグループを変更する方法について説明します。

　管理者権限を必要とする操作を行いたいときは、「sudo」コマンドを使います。実行したいコマンドとその引数を、sudo コマンドの引数に指定して実行します。例えば、「/root」ディレクトリーは、スーパーユーザーしか閲覧できません。一般ユーザーが /root ディレクトリーを閲覧しようとすると、次のように叱られてしまいます。

```
$ ls /root ⏎
ls: ディレクトリ '/root' を開くことが出来ません : 許可がありません
```

　けれども、次のように sudo コマンドを介して実行すれば、閲覧できます。sudo コマンドを実行すると、引数に指定したコマンドを実行する前に、（root ユーザーではなく）自身のパスワードの入力を求められるため、入力します。

```
$ sudo ls /root ⏎
[sudo] usu のパスワード : ←自分（ここではユーザー「usu」）のパスワードを入力
anaconda-ks.cfg  initial-setup-ks.cfg
```

　なお、sudo コマンドは、RHEL 8 の場合「wheel」グループに属しているユーザーが実行できます。Ubuntu 20.04 LTS などでは「sudo」もしくは「admin」グループに属しているユーザーが実行できます。

　sudo コマンドのほかにも、「su」コマンドで管理者権限を得ることができます。su コマンドを実行すると、自身ではなく root ユーザーのパスワードを求められます。root ユーザーのパスワードを正しく入力すると、コマンドプロンプトの「$」が「#」に変わり、その間、管理者権限でコマンドを実行できます。

```
$ su ⏎
パスワード : ← root ユーザーのパスワードを入力
# ← 「$」から「#」に変わる
```

管理者権限が不要になったら、「exit」コマンドを実行します。コマンドプロンプトが「$」に戻り、管理者権限がなくなります。

```
# exit ⏎
$   ←「$」に戻る
```

3-3-5　ファイルの所有者・グループの変更

　ファイルの所有者を変更するには「chown」コマンドを、グループを変更するには「chgrp」コマンドを使います。chown コマンドの実行には管理者権限が必要です。chgrp コマンドの場合、自分が属するグループへの変更なら管理者権限は不要です。

　どちらも、変更したいユーザー名もしくはグループ名と、対象のファイル名を引数に指定します。例えば、「データ」というディレクトリーの所有者を「nobody」ユーザーに変更するには、次のように実行します。

```
$ sudo chown nobody データ ⏎
```

　同じく、「データ」ディレクトリーのグループを「nogroup」グループに変更するには、次のように実行します。

```
$ sudo chgrp nogroup データ ⏎
```

　なお、chown コマンドでは、所有者とグループを「.」でつないで両方指定することもできます。例えば、先の「データ」ディレクトリーの所有者を「nobody」に、グループを「nogroup」に変更するには、次のように実行します。

```
$ sudo chown nobody.nogroup データ ⏎
```

第3章の復習

◆ Linuxのシステムはすべてファイルで構成されています。コマンドも、実体は1個のファイルです。

◆ファイルは「ディレクトリー」と呼ぶ入れ物でグループ化されています。主要なディレクトリーの名前と場所は覚えておく必要があります。

◆ディレクトリーは「/」（ルート）を頂点とした階層構造になっています。ファイルのありかは「相対パス」と「絶対パス」のいずれかで表記できます。

◆ファイルとディレクトリーには「パーミッション」が設定されていて、誰もが「読み」「書き」「実行」できるわけではありません。

◆一般ユーザーであっても「sudo」や「su」コマンドを使うことで、管理者権限が求められるコマンドを実行できます。

第 **4** 章

コマンドの実行結果を
活用しよう

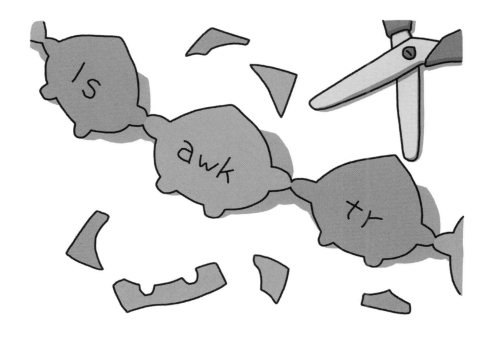

　ここまで、コマンドラインとシェル、そして Linux のファイルやディレクトリーについて説明してきました。この第4章から、コマンドラインとシェルをどんどん活用していきたいと思います。Linux は、「UNIX」という OS に類似した「Unix 系」の OS です*1。UNIX や Unix 系の OS では、一つの機能を持つシンプルなプログラムを書くこと、それらを組み合わせ協調して動くようにすること、「標準入出力」を活用することが推奨されました。

　Linux のコマンドの多くは、複雑な機能を持っているわけではありません。ですが、シェルの持つ機能を使って複数のコマンドを組み合わせることが可能で、これによって複雑な機能を実現することができます。そして、どのコマンドも、標準入出力（標準入力と標準出力）を使ってデータの入力と出力、エラーや警告のメッセージの出力ができます。また、「リダイレクト」の機能を使うと、ファイルからデータやメッセージを入力したり、実行結果をファイルに出力したりすることが可能になります。

....
＊1　標準化団体である「The Open Group」が定めた仕様に準拠する OS だけが「UNIX」と名乗れます。認証を受けていない OS は「Unix 系の OS」や「Unix ライクな OS」と呼ばれます。

そこで第 4 章では、標準入出力の概要と、標準入出力をファイルやコマンド
に差し替える「リダイレクト」や「パイプライン」などについて解説します。

第
4
章

4-1 リダイレクト

まず、「標準入出力」と、標準入出力をファイルやコマンドに差し替える「リダイレクト」について説明します。

4-1-1 標準入出力とは

シェルでコマンドを実行すると、最初から標準的な入出力が確立された状態になっています。通常は、キーボードからの入力を受け付け、端末エミュレーターなどの画面に文字を出力します。これらの入出力を「標準入出力」と呼びます(図1)。

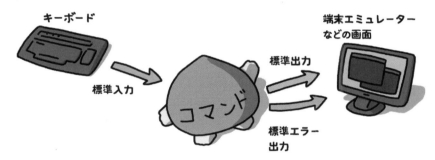

キーボード

標準入力

コマンド

標準出力

標準エラー出力

端末エミュレーターなどの画面

図1 初期状態で設定されている「標準入力」と「標準出力」

標準入出力は、**表1**に示すように3種類あります。

名前	ファイル記述子	意味
標準入力	0	標準の入力。通常はキーボード
標準出力	1	標準の出力。通常は端末エミュレーターなどの画面
標準エラー出力	2	エラーメッセージの出力。標準出力と同じく通常は画面

表1 「標準入出力」の種類

「標準入力」と「標準出力」は先ほど説明した通りで、通常、標準入力はキーボード、標準出力は端末エミュレーターなどの画面が設定されています。「標準エラー出力」は、エラーや警告などのメッセージを出力するためのものです。出力先は、

標準出力と同じで、端末エミュレーターなどの画面です。出力が、標準出力と標準エラー出力の二つに分かれている理由は、コマンドが処理した結果と、エラーや警告などのメッセージを分けて扱えるようにするためです。

なお、**表1**の「ファイル記述子」は「ファイルディスクリプター」とも呼ぶ整数です。Linuxでは、このファイル記述子をファイルへのアクセスに利用します。標準入出力には、それぞれ「0」〜「2」があらかじめ割り当てられています。後で解説するリダイレクトで、このファイル記述子を使います。

4-1-2 リダイレクト

標準入力はキーボード、標準出力と標準エラー出力は画面、と必ず決まっているわけではありません。「リダイレクト」を使って、ファイルの内容をコマンドの標準入力にしたり、コマンドの標準出力をファイルにしたりすることができます[*2]（**図2**）。

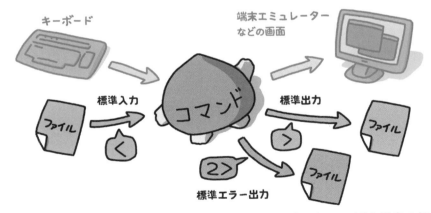

図2 「リダイレクト」を使うと「標準入力」や「標準出力」をファイルに設定できる

標準入力をリダイレクトするには、「<」という記号を使います。例えば、文字を置き換える「tr」というコマンドを使い、ユーザーの情報が格納されている「/etc/passwd」ファイルの中身に含まれる「:」を「,」に置き換えるには、次の

[*2] 標準入力を入力として使ったり、標準出力に結果を出力したりするかどうかは、コマンド次第です。標準入出力ではなく、ファイルやデバイスを入出力とするコマンドも多くあります。

ように実行します*3。ここで使っている「tr」コマンドは、標準入力からテキストを読み込み、指定された文字に置き換えて標準出力に出力するコマンドです。

```
$ tr : , < /etc/passwd ⏎
root,x,0,0,root,/root,/bin/bash
bin,x,1,1,bin,/bin,/sbin/nologin
daemon,x,2,2,daemon,/sbin,/sbin/nologin
(略)
sshd,x,74,74,Privilege-separated SSH,/var/empty/sshd,/sbin/nologin
rngd,x,975,974,Random Number Generator Daemon,/var/lib/rngd,/sbin/nologin
tcpdump,x,72,72,,/,/sbin/nologin
usu,x,1000,1000,Hisashi USUDA,/home/usu,/bin/bash
```

　標準出力をリダイレクトするには、「>」という記号を使います。例えば、「ls -l /etc ⏎」と実行すると、通常であれば画面に実行結果が出力されます。この実行結果を画面ではなく、「ls-etc.txt」というファイルに出力するには、次のようにリダイレクトを使います。

```
$ ls -l /etc > ls-etc.txt ⏎
```

　ls コマンドの実行結果は画面に表示されません。けれども、次のように cat コマンドで ls-etc.txt ファイルの中身を参照すると、ls コマンドの実行結果が出力されていることが確認できます。

```
$ cat ls-etc.txt ⏎
```

　ただし、「>」でリダイレクトすると、出力先のファイルが上書きされてしまいます。このため、既に存在するファイルを出力先として指定すると、このファイルの元の内容が消えてしまうので注意しましょう。例えば、入力した行を逆順に表示する「tac」コマンド*4を使い、先ほど出力した ls-etc.txt ファイルの

----

*3　「tr」コマンドについては、7-2 で詳しく説明します。
*4　「cat」コマンドとは逆順に出力するため、cat を逆さまにしたコマンド名がつけられています。なお、「tac」コマンドについても、7-2 で詳しく説明します。

内容を逆順に並び替え、リダイレクトで元の ls-etc.txt に出力してみましょう。

```
$ tac ls-etc.txt > ls-etc.txt ⏎
```

　実行後、出力した ls-etc.txt ファイルの内容を、cat コマンドで参照してみて
ください。

```
$ cat ls-etc.txt ⏎
```

　多くの方は、逆順に並び替えられた内容で書き換えられていると予想したの
ではないでしょうか。けれども、実際には何も表示されません。これは、ls-
etc.txt ファイルの中身が消えて（空になって）しまったからです。

　空になってしまった理由は、tac コマンドを実行する前に、シェルがリダイ
レクト先のファイルを上書きしてしまう（元の内容を消してしまう）ためです。
これを回避するには、いったん別のファイルにリダイレクトしてから、「mv」
コマンドでファイル名を変更する必要があります。

```
$ ls -l /etc > ls-etc.txt ⏎
$ tac ls-etc.txt > ls-etc2.txt ⏎
$ mv ls-etc2.txt ls-etc.txt ⏎
```

　ファイルへの上書きではなく追記をしたいときは「>>」を使います。例えば
「mail.txt」というファイルの末尾に、「signature.txt」というファイルの内容を
追記するには、次のように実行します。

```
$ cat signature.txt >> mail.txt ⏎
```

　標準エラー出力をリダイレクトするときは「2>」を使います。「2」は、標準
エラー出力のファイル記述子です。このように「>」の前にファイル記述子を指

定することで、標準出力以外の出力もリダイレクトできるわけです*5。例えば、存在しないディレクトリー「/zzz」を引数に指定して、「ls /zzz」を実行したときのエラーメッセージを「ls-error.txt」というファイルに出力するには、次のように実行します。

```
$ ls /zzz 2> ls-error.txt ⏎
```

勘の鋭い方はお気付きかと思いますが、標準エラー出力をファイルに追記するときは「2>>」を使います。

標準出力と標準エラー出力を合わせてリダイレクトするには、「2>&1」という記号を使います。標準エラー出力（ファイル記述子「2」）を標準出力（ファイル記述子「1」）にリダイレクトする、という意味です*6。

例えば「ls /etc /zzz ⏎」と実行すると、標準出力には「ls /etc」の実行結果が、標準エラー出力には「ls /zzz」の実行結果（/zzz が存在しないというエラーメッセージ）が、それぞれ出力されます。この両方を「ls-etc-error.txt」というファイルに出力するには、次のように実行します。

```
$ ls /etc /zzz > ls-etc-error.txt 2>&1 ⏎
```

上記のコマンドが処理している流れは、以下の通りです。

まず、標準出力（「ls /etc」の実行結果）を ls-etc-error.txt へリダイレクトしています。この時点で、標準出力は ls-etc-error.txt に切り替わっていて、「ls /etc」の実行結果が書き込まれています。次に標準エラー出力（「ls /zzz」の実行結果）を標準出力（つまり ls-etc-error.txt）へリダイレクトしています。これによって、ls-etc-error.txt には標準出力と標準エラー出力の両方が書き込まれています。

次のように「2>&1」を先に指定してしまうと、初期状態の標準出力（つまり

---

*5　プログラムでファイルをオープンすると、ファイル記述子が「3」から順に割り当てられます。リダイレクトを使うことで、プログラムでファイルをオープンしなくても「3>」とすることでファイル記述子「3」に出力できるようになります。
*6　「1>&2」とすると、標準出力を標準エラー出力にリダイレクトします。

画面）に標準エラー出力をリダイレクトすることになり、標準エラー出力は ls-etc-error.txt ファイルではなく画面に出力されます。

```
$ ls /etc /zzz 2>&1 > ls-etc-error.txt ⏎
ls: '/zzz' にアクセスできません：そのようなファイルやディレクトリはありません
```

cat コマンドで確認するとわかりますが、ls-etc-error.txt ファイルには「ls /etc」の実行結果だけが書き込まれています。

なお、コマンドの引数にリダイレクトは含まれません。コマンドは、標準入出力がファイルかどうかということを意識せずに処理することができます。例えば、「tac /etc/passwd > passwd-rev.txt ⏎」を実行した場合、tac コマンドから見ると、「/etc/passwd」という一つの引数だけが指定されて実行されているように見えます[*7]。

それから、標準出力や標準エラー出力をどこにも出力したくないときがあります。そのときは、「/dev/null」という特殊なファイル（デバイスファイル）にリダイレクトします。/dev/null にリダイレクトしてもどこにも出力されず、/dev/null が全部吸い込んでくれます。例えば、「mkdir」コマンドの標準エラー出力への出力を抑制するには、次のように実行します。

```
$ mkdir temporary 2> /dev/null ⏎
```

上記の実行例は、「temporary」というディレクトリーがあればよいときに、よく使います。「temporary」というディレクトリーが既に存在する場合のエラーメッセージを抑制できます[*8]。

また、リダイレクトを使って /dev/null を入力に指定することもできます。この場合、何も入力せずにコマンドを実行します。例えば、テキストファイルのバイト数、単語数、行数の三つを調べられる「wc」コマンドがあります。通常は引数に指定したファイル名が標準入力になりますが、次のように /dev/null

---

＊7　標準入出力がリダイレクトされている（ファイル）かどうかコマンドが区別することは可能です。
＊8　ただし、この例では、ディレクトリーが作成できないなどのエラーを想定していません。

を指定すると中身が空っぽのファイルが指定されたと解釈され、バイト数、単語数、行数のいずれも「0」という結果になります。

```
$ wc < /dev/null ⏎
      0       0       0
```

　また、リダイレクトではありませんが、「cp」コマンドで /dev/null をコピーすると、中身が空のファイルを作成（あるいは上書き）できます。次のコマンドでは、「空っぽ」という名前の空のファイルを作成し、ls コマンドで確認しています。

```
$ cp /dev/null 空っぽ ⏎
$ ls -l 空っぽ ⏎
-rw-rw-r--. 1 usu usu 0  4月 11 20:45 空っぽ
```

4-2 コマンドを組み合せて実行する

次に、複数のコマンドを組み合せて使う「パイプライン」と「リスト」について説明します。

4-2-1 パイプライン

「パイプライン」とは、「|」もしくは「|&」でつなぎ合わせた一つ以上のコマンドの並びのことです。コマンドとコマンドを「|」でつなぐと、前のコマンドの標準出力を後ろのコマンドの標準入力に渡すことができます（図3）。

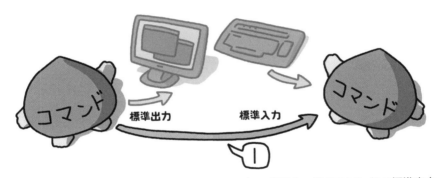

図3　二つのコマンドを「パイプライン」でつないだ場合、前のコマンドの標準出力を後のコマンドの標準入力として設定できる

例えば、「ls -l」の実行結果（標準出力）を、文字を変換する「tr」コマンドとつなぐことで、一つ以上の連続する「 」（スペース、空白）を「,」に変換することができます。その実行例を次に示します[*9]。

```
$ ls -l | tr -s ' ' , ⏎
合計 ,4
drwxr-xr-x.,2,usu,usu,6,3 月 ,28,11:25, ダウンロード
drwxr-xr-x.,2,usu,usu,6,3 月 ,28,11:25, テンプレート
```

[*9] スペースは引数を分ける文字ですが、スペースそのものとして解釈してもらうため、シングルクォート（'）で囲っています。8-1 で詳しく説明します。

```
drwxr-xr-x.,2,usu,usu,6,3月,28,11:25,デスクトップ
drwxr-xr-x.,2,usu,usu,4096,4月,11,11:24,ドキュメント
drwxr-xr-x.,2,usu,usu,6,3月,28,11:25,ビデオ
drwxr-xr-x.,2,usu,usu,6,3月,28,11:25,音楽
drwxr-xr-x.,2,usu,usu,6,3月,28,11:25,画像
drwxr-xr-x.,2,usu,usu,6,3月,28,11:25,公開
```

　コマンドとコマンドを「|&」でつないだ場合は、前のコマンドの標準出力と標準エラー出力の両方が、後ろのコマンドの標準入力に渡ります。これは、「2>&1 |」でつないだ場合と同じです。つまり、「|&」は「2>&1 |」の短縮形とも言えます。

　ちなみに、パイプラインは一つ以上のコマンドの並びのことなので、コマンドが一つだけの場合もパイプラインの一種と言えます。また、次のように、コマンドを三つ以上並べることも可能です[10]。

```
$ ls -l /usr | awk '/^d/ {print $9}' | tr '\n' ' ' ⏎
bin games include lib lib64 libexec local sbin share src
```

4-2-2　リスト

　パイプラインのほかにも、複数のコマンドを組み合わせる「リスト」があります。リストの場合、標準入出力をつなげる機能はありませんが、コマンドを連続して実行することができます。ここでは三つの方法を紹介します。

　一つ目は「;」です。コマンドとコマンドを「;」でつなぐと、前のコマンドを実行して、終了したら後ろのコマンドを実行します。例えば、echo コマンドと ls コマンドを「;」でつなぐと、次のようにコマンドが連続して実行されます。

```
$ echo "[ ホームディレクトリー ]"; ls -l ⏎
[ ホームディレクトリー ]
合計 4
drwxr-xr-x. 2 usu usu    6  3月 28 11:25 ダウンロード
```

＊10　「/usr」ディレクトリーの直下にあるディレクトリー名を 1 行にまとめて出力する、という処理を実行しています。

```
drwxr-xr-x. 2 usu usu    6  3月 28 11:25 テンプレート
drwxr-xr-x. 2 usu usu    6  3月 28 11:25 デスクトップ
drwxr-xr-x. 2 usu usu 4096  4月 11 11:24 ドキュメント
drwxr-xr-x. 2 usu usu    6  3月 28 11:25 ビデオ
drwxr-xr-x. 2 usu usu    6  3月 28 11:25 音楽
drwxr-xr-x. 2 usu usu    6  3月 28 11:25 画像
drwxr-xr-x. 2 usu usu    6  3月 28 11:25 公開
```

　コマンドは、実行が終了すると、「終了ステータス」という「0」～「255」の整数値を返します。通常は、終了ステータスが「0」だと正常終了、「0以外」だと失敗とみなされます[*11]。この終了ステータスを応用することで、後ろのコマンドを実行する / しないを制御することができます。

　二つ目は「&&」です。コマンドとコマンドを「&&」でつなぐと、前のコマンドが正常終了した（終了ステータスが「0」だった）場合に限り、後ろのコマンドを実行します。例えば次の実行例では、前のコマンド「ls /etc」が正常終了するため、後ろのコマンド「echo /etc は存在します」が実行されます。

```
$ ls /etc > /dev/null 2>&1 && echo /etc は存在します ⏎
/etc は存在します
```

　次のように、存在しないディレクトリーを ls コマンドで参照しようとすると失敗するため、後ろの echo コマンドは実行されません。

```
$ ls /zzz > /dev/null 2>&1 && echo /zzz は存在します ⏎
```

　三つ目は「||」です。コマンドとコマンドを「||」でつなぐと、前のコマンドが失敗（終了ステータスが「0以外」）した場合に限り、後ろのコマンドを実行します。例えば次を実行すると、前の ls コマンドが失敗するため、後ろの echo コマンドが実行されます。

```
$ ls /zzz > /dev/null 2>&1 || echo /zzz は存在しません ⏎
```

＊11　直近のコマンドの終了ステータスは、「$?」で確認できます。「echo $? ⏎」と実行してみてください。

```
/zzz は存在しません
```

なお、パイプラインと同様、三つ以上のコマンドを並べることができます。

```
$ ls /zzz > /dev/null 2>&1 && echo /zzz は存在します || echo /zzz は存在しません
⏎
/zzz は存在しません
```

第 4 章の復習

◆コマンドは「標準入力」から受け付けて、実行結果は「標準出力」へ、エラーや警告は「標準エラー出力」へ出力します。初期状態では、標準入力はキーボード、標準出力と標準エラー出力は端末エミュレーターなどの画面に設定されています。

◆「標準入力」の入力先や「標準出力」と「標準エラー出力」の出力先を切り替えることを「リダイレクト」と呼びます。標準入力のリダイレクトは「<」、標準出力のリダイレクトは「>」、標準エラー出力のリダイレクトは「2>」で指定します。

◆標準出力や標準エラー出力を「/dev/null」という特殊なファイル（デバイスファイル）にリダイレクトすると、標準出力や標準エラー出力がどこにも出力されないようになります。

◆「パイプライン」と「リスト」を使うと、複数のコマンドを組み合わせて実行できます。「パイプライン」は「|」もしくは「|&」、「リスト」は「;」「&&」「||」などで複数のコマンドを組み合わせます。

◆「パイプライン」では、前のコマンドの標準出力を後ろのコマンドの標準入力として渡すことができます。「リスト」は標準入出力をつなげる機能はありませんが、連続してコマンドを実行できます。

◆コマンドは実行後に「終了ステータス」という「0」～「255」の整数値を返します。通常は「0」だと正常終了、「0以外」だと失敗とみなされます。

第 **5** 章

コマンドの実行を
制御する仕組みを
知ろう

　Linux を含む一般的な OS にはさまざまなコマンドやアプリケーションがあり、ユーザーはこれらを自由に実行できます。実行したコマンドやアプリケーションを、Linux カーネルでは「プロセス」、シェルでは「ジョブ」として管理します。ユーザーは、コマンドやアプリケーションを単に実行するだけでなく、それらの動作状況を確認したり、操作ミスやバグのためにおかしな動作をしたときは強制終了したりする必要が生じます。そんなとき、プロセスやジョブを制御する方法を知っておくと、適切に対応できます。また、複数のジョブを並列に実行して効率よく作業することもできます。

　第 5 章では、「プロセス」と「ジョブ」の概要と、これらを管理する方法について説明します。それぞれの違いや管理方法を知り、コマンドラインとシェルを便利に使いこなしましょう。

5-1 プロセス

Linux カーネルが管理している「プロセス」について説明します。

5-1-1 プロセスとは

アプリケーションやコマンドの実体は、第3章で説明した通り、CPU の命令や必要なデータが格納されている一つの実行ファイルです。その多くは、「/usr/bin」ディレクトリーや「/bin」ディレクトリーにあります。CPU はメモリーにある命令しか実行できないため、コマンドを実行するときは、Linux カーネルが実行ファイルの命令やデータをメモリーにコピーし、CPU に実行を指示します。

Linux では複数のサービスやアプリケーションが動作するため、Linux カーネルはこれらを「プロセス」として管理します。プロセスで管理される情報は、元の実行ファイルや、実行したユーザー、CPU が実行した時間、メモリーの使用状況、開いているファイル(ファイル記述子)など、さまざまです。同じ実行ファイルでも、実行したユーザーや時間、カレントディレクトリーなどの状況が異なると、それぞれ別のプロセスとして実行され、管理されます[*1]（**図1**）。

第5章

＊1　プログラミングの考え方の一つであるオブジェクト指向のクラスとインスタンスの関係に似ています。実行ファイルがクラス、プロセスがインスタンスに相当します。

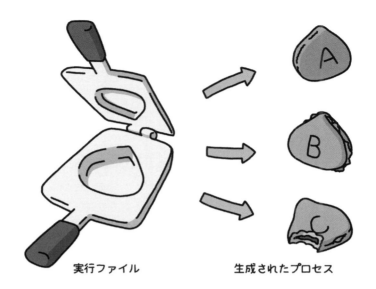

実行ファイル　　　　　　　　生成されたプロセス

図1　同じ実行ファイルでも個別のプロセスとして管理される

　また、通常は実行したユーザーの権限でアプリケーションやコマンドが動作します。そのため、アプリケーションやコマンドがアクセスできるファイルは、基本的には実行したユーザーで決まります。プロセスに対する操作も、実行したユーザーかスーパーユーザーだけが行えます。

　プロセスを区別するため、プロセスごとに一意となる「プロセスID」という番号が付けられています。プロセスの確認や操作を行うときは、通常はプロセスIDを使って確認したり操作したりするプロセスを指定します。

5-1-2　プロセスの管理

　プロセスの一覧を得たり状態を確認したりするには、「ps」コマンドを使います。引数なしで実行すると、今使っている端末エミュレーターなどの画面で動作しているプロセスの情報が出力されます。

```
$ ps ⏎
   PID TTY          TIME CMD
 30494 pts/1     00:00:00 bash
```

```
30533 pts/1      00:00:00 ps
```

 psコマンドで出力される主な情報を**表1**に示します。なお、「TTY」とは、コマンドラインを利用している端末エミュレーターなどの入出力（コマンドからみると標準入出力）のことです。TTYで出力される名前は、端末エミュレーターやSSHでログインした場合は「pts/数値」[*2]、仮想コンソールの場合は「tty数値」です。

名前（項目名）	意味
USER または UID	ユーザー
PID	プロセスID
PPID	親プロセスのプロセスID
%CPU または C	CPUの使用率
%MEM	物理メモリーの使用率
VSZ	仮想的に使用しているメモリー量
RSS	実際に使用している物理メモリー量
TTY	端末デバイス
STAT	プロセスの状態（「R」は実行可能/実行中、「S」は待機状態、「T」は停止状態など）
STIME または START	コマンドを実行開始した時刻
TIME	CPUの実行時間
COMMAND または CMD	コマンド名

表1　「ps」コマンドで出力される主な情報

psコマンドにはさまざまなオプションがあります。大きく分けると、次の3種類です。

(1) UNIX オプション
最初に「-」を付けてオプションを指定する。

(2) BSD オプション[*3]
最初に何も付けずにオプションを指定する。

＊2　端末エミュレーターには「端末」というハードウエアがないため、「疑似端末（Pseudo Terminal）」を使います。「pts」は「Pseudo Terminal Slave」の略です。
＊3　第2章の＊6で説明した、カリフォルニア大学バークレー校で開発されたOSの「ps」コマンドで使われていたオプションです。

（3）GNU ロングオプション

最初に「--」を付けてオプションを指定する。

　それぞれ併用できるオプションもあれば、できないオプションもあります。ここでは特に区別せず、よく使う代表的なオプションを紹介していきます。オプションの詳細については、オンラインマニュアル（「man ps ☐」と実行すると表示されます）を参照してください。

　自身のすべてのプロセスを確認するには、「x」オプションを引数に指定して実行します。

```
$ ps x ☐
    PID TTY      STAT    TIME COMMAND
   2050 ?        Ss      0:00 /usr/lib/systemd/systemd --user
   2056 ?        S       0:00 (sd-pam)
   2070 ?        Ssl     0:00 /usr/bin/pulseaudio --daemonize=no
   2071 ?        S       0:00 sshd: usu@pts/0
   2074 pts/0    Ss      0:00 -bash
   2140 ?        Ssl     0:00 /usr/bin/dbus-daemon --session --address=syste
md: -
   4920 pts/0    R+      0:00 ps x
```

　プロセスの詳細情報を確認するには、「u」オプション指定します。

```
$ ps u ☐
USER       PID %CPU %MEM    VSZ    RSS TTY      STAT START   TIME COMMAND
usu       2074  0.0  0.1  24248   5988 pts/0    Ss   13:27   0:00 -bash
usu       4930  0.0  0.1  56868   3984 pts/0    R+   18:13   0:00 ps u
$ ps ux ☐
USER       PID %CPU %MEM    VSZ    RSS TTY      STAT START   TIME COMMAND
usu       2050  0.0  0.2  94048   9856 ?        Ss   13:27   0:00 /usr/lib/
syst
usu       2056  0.0  0.1 175860   5260 ?        S    13:27   0:00 (sd-pam)
usu       2070  0.0  0.2 296532   9620 ?        Ssl  13:27   0:00 /usr/bin/
puls
usu       2071  0.0  0.1 163704   5604 ?        S    13:27   0:00 sshd: usu
@pts
usu       2074  0.0  0.1  24248   5988 pts/0    Ss   13:27   0:00 -bash
usu       2140  0.0  0.1  84604   5544 ?        Ssl  13:27   0:00 /usr/bin/
```

```
dbus
usu       4931  0.0  0.1  56868  3920 pts/0    R+    18:14   0:00 ps ux
```

　さらに、「a」オプションを指定すると、自身以外のユーザーのプロセスも対象にします。

　プロセスIDを指定して、そのプロセスの情報を確認するには、「-p」または「p」（あるいは「--pid」）オプションとプロセスIDを指定して実行します。

```
$ ps -p 2074 ⏎
    PID TTY          TIME CMD
   2074 pts/0    00:00:00 bash
$ ps p 2074 ⏎
    PID TTY      STAT   TIME COMMAND
   2074 pts/0    Ss     0:00 -bash
```

　pを省略して、プロセスIDまたは「-」とプロセスIDだけを引数に指定しても、同じ結果が得られます。

　コマンド名を指定して、そのプロセスの情報を確認するには、「-C」オプションとコマンド名を引数に指定して実行します。

```
$ ps -C bash ⏎
    PID TTY          TIME CMD
   2074 pts/0    00:00:00 bash
```

　出力する情報を指定するには、「-o」または「o」（あるいは「--format」）オプションと、表1にある情報の名前を「,」（カンマ）で区切って指定します。例えば、bashのプロセスのユーザーとプロセスID、実行を開始した時刻を確認するには、次のように実行します。

```
$ ps -C bash -o user,pid,stime ⏎
USER         PID STIME
usuda       2074 13:27
```

　なお、「--no-headers」または「h」オプションを指定すると、ヘッダーを出

力しません。次のように特定の情報（この実行例では「プロセスID」）だけを
知りたいときに便利です。

```
$ ps -C bash -o pid --no-headers ⏎
   2074
```

5-2 ジョブ

次に、シェルが管理している「ジョブ」について説明します。

5-2-1 ジョブとは

Linux カーネルは、コマンドやアプリケーションをそれぞれプロセスとして管理します。一方、シェルはコマンドラインに入力されたユーザーからのコマンド実行の依頼を受け取り、それを一つの仕事の単位として扱います。これを「ジョブ」と呼びます。コマンドラインで一つのコマンドを実行すると、そのコマンドに対応するのは一つのプロセスであり、一つのジョブです。けれども、パイプラインやリストで複数のコマンドを実行する場合、プロセスは複数ですが、シェルの仕事の単位としては一つなので、一つのジョブとなります[*4]。

プロセスには、プロセスを特定するためのプロセス ID がありましたが、ジョブにもジョブを特定するための一意の「ジョブ番号」が付けられます。通常はジョブ番号を使ってジョブの一時停止や実行再開、強制終了などを制御します。

5-2-2 ジョブの制御

コマンドラインでコマンドを実行すると、ユーザーはコマンドの実行が終わるまで待ちます。けれども、コマンドの引数の間違いなどで処理に時間がかかったり終わらなかったりしたとき、コマンドの実行を途中で止めたくなります。そんなときは、[Ctrl] キーを押しながら [C] キーを押す（以下 [Ctrl + C] キーと表記）と、強制的にジョブを終了させることができます。例えば、次のように「yes | wc」を実行すると、「yes」コマンドが永久に出力し続けるため、ジョブがいつまで経っても終わりません。そこで、実行中に [Ctrl + C] キーを押してジョブを強制終了します。

---

*4 4-2 で紹介したリストの一つである「;」で連結したコマンドは、それぞれ別のジョブとして扱います。

```
$ yes | wc ⏎
([Ctrl + C] キーを押して強制終了する)
$
```

　コマンドラインでジョブを入力して実行すると、実行が終わるまでユーザー
は待ちます。このジョブを「フォアグラウンド」と呼びます。これとは別に、ユー
ザーが実行の終了を待たずに、別のジョブを裏で動かすこともできます。この
ジョブを「バックグラウンド」と呼びます。ファイルの圧縮や検索など、時間
のかかるジョブを実行したいとき、バックグラウンドでジョブを実行すれば、
実行している間にほかのジョブもできて効率的です[*5]。

　バックグラウンドでジョブを実行するには、コマンドラインの最後に「&」
を付けます。例えば、ファイルを圧縮する「bzip2」コマンドで「巨大 .txt」と
いうファイルの圧縮をバックグラウンドで実行するには、次のように入力しま
す。

```
$ bzip2 巨大 .txt & ⏎
[1] 1234
$
```

　角かっこ（[ ]、ブラケット）の中の数字（上記の場合「1」）がジョブ番号です。
その後の数字（上記の場合「1234」）はプロセス ID です[*6]。バックグラウンド
でジョブを実行しても、標準入出力は同じです。ただし、処理の途中で標準入
力からのキーボード入力が必要になると、停止状態になります。処理を再開さ
せるには、フォアグラウンドに変更したうえでキーボード入力する必要があり
ます。

　ここからは、バックグラウンド、フォアグラウンド、一時停止を切り替える
ためのコマンドと、その使い方を紹介します。

....

[*5]　端末エミュレーターを複数起動し、それぞれでジョブを実行する方法もありますが、一つの
端末エミュレーターで複数の作業を行うほうがマウスの操作が不要となり効率的、と筆者は考えま
す（個人の感想です）。
[*6]　複数のコマンドでジョブが構成されている場合、出力されるプロセス ID は最後のコマンド
のものです。

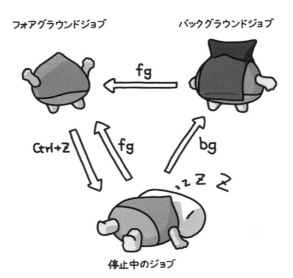

フォアグラウンドジョブ　　　　　バックグラウンドジョブ

fg

Ctrl+Z　　fg　　　　bg

z Z Z

停止中のジョブ

図2　「バックグラウンド」「フォアグラウンド」「一時停止」を
切り替えるためのコマンド

　バックグラウンドのジョブが終了すると、コマンドの実行など、ユーザーが
コマンドラインに［Enter］キーを入力したタイミングで、次のように終了を知
らせてくれます。

```
[1]+  終了                      bzip2 巨大 .txt
```

　フォアグラウンドで実行中のジョブをバックグラウンドに切り替えるには、
まず実行を一時停止する必要があります。ジョブを一時停止するには［Ctrl + Z］
キーを押します。

```
$ yes | wc ⏎
([Ctrl + Z] キーを押して停止する)
[1]+  停止                      yes | wc
$
```

　ジョブをバックグラウンドに切り替えるには、「bg」コマンドを使います。「%」

とジョブ番号を引数に指定して実行すると、指定したジョブがバックグラウンドで実行されます。

```
$ bg %1 ⏎
[1]+ yes | wc &
$
```

　引数を指定しない場合、直近に実行または制御したジョブを対象とします。
　ジョブをフォアグラウンドに切り替えるには、「fg」コマンドを使います。bgコマンドと同じく引数を指定します。次の実行例では引数なしで実行したため、直近に実行したジョブ（yes | wc）をフォアグラウンドに切り替えています。

```
$ fg ⏎
yes | wc
```

　ジョブの状態を確認するには、「jobs」コマンドを使います。引数なしで実行すると、ジョブの一覧を出力します。

```
$ jobs ⏎
[1]+  停止              man bash
[2]-  実行中            yes | wc &
[3]   実行中            bzip2 巨大.txt &
```

　上記の実行例では3個のジョブが一覧表示されています。このうち1番のジョブ（[1]のジョブ、以下も同じ）は停止状態、2番のジョブはバックグラウンドで実行中のジョブです[*7]。また、ジョブ番号の後ろに「+」が付いているジョブは直近に実行または制御したジョブで、「-」が付いているジョブはその一つ前に実行または制御したジョブです[*8]。
　「-l」オプションを指定してjobsコマンドを実行すると、プロセスIDも合わ

[*7]　コマンドラインが使える状態ということは、実行中のジョブがすべてバックグラウンドということになります。
[*8]　引数なしで「fg」コマンドや「bg」コマンドを実行したときは、「+」の付いているジョブが対象になります。

せて出力します。

```
$ jobs -l ⏎
[1]+  2549 停止                 man bash
[2]-  2567 実行中               yes
      2568                      | wc &
[3]   2603 実行中               bzip2 巨大 .txt &
```

　なお、jobs、fg および bg コマンドは、いずれもシェルのジョブを対象として
いるため、これらはシェルの内部コマンドです。

5-3 ジョブやプロセスの終了とシグナル

　プロセスやジョブを強制終了するには、フォアグラウンドのジョブに対して
［Ctrl + C］キーを入力するほかに、「kill」コマンドを実行することでも可能です。
引数に「%」とジョブ番号またはプロセスIDを指定して実行すると、指定したジョ
ブまたはプロセスを終了することができます。「yes | wc」をバックグラウンド
で実行し、ジョブ番号を指定して kill コマンドで終了させるには、次のように
実行します。

```
$ yes | wc & ↵
[1] 3806
$ kill %1 ↵
[1]+  Terminated              yes | wc
```

　ジョブ番号ではなくプロセス ID で kill コマンドを実行すると、一つのコマン
ドだけを終了させることになります。例えば、kill コマンドで yes コマンドだけ
を終了すると、次の実行例のように、wc コマンドがバイト数、単語数、行数の
結果を出力して終了します。

```
$ jobs -l ↵ ← 実行中のジョブのプロセス ID を表示
[1]+  3805 実行中              yes
      3806                    | wc &
$ kill 3805 ↵ ←「yes」コマンドだけを強制終了
1540218880 1540218880 3080437760  ←「wc」コマンドの実行結果
[1]+  終了                    yes | wc
```

　実は、kill コマンドと［Ctrl + C］キーは、厳密には同じではありません。
kill コマンドはジョブ（つまり複数のプロセス）やプロセスに「シグナル」を送
るためのコマンドです。シグナルとは、一時停止や終了などの重要な振る舞い
をプロセスに促すための信号で、シグナルにはさまざまな種類があります。主
なシグナルを**表 2** に示します。

シグナル名	番号	意味
SIGHUP	1	端末エミュレーターなどの終了
SIGINT	2	[Ctrl + C] キーを押したときの強制終了
SIGKILL	9	強制終了
SIGSEGV	11	不正なメモリーアクセス
SIGALRM	14	設定した時刻に送られるタイマーシグナル
SIGTERM	15	終了（kill コマンドのデフォルト）
SIGCONT	18	実行再開
SIGTSTP	20	[Ctrl + Z] キーを押したときの一時停止

表2　主なシグナルとその意味

　シグナルの実体は番号ですが、ユーザーが扱いやすくするために名前が付けられています。なお、「-l」オプションを指定して kill コマンドを実行すると、シグナル名と番号の一覧を確認できます。「man 7 signal ◻」*9 を実行してシグナルのオンラインマニュアルを閲覧すると、シグナルの意味も確認できます。

　kill コマンドがデフォルトで送るシグナルは「SIGTERM」です。SIGTERM 以外のシグナルを送るには、「SIG」を取り除いたシグナル名か、シグナルの番号に「-」を付けたオプションを引数に指定します。例えば [Ctrl + C] キーと同じ強制終了のシグナルである「SIGINT」を送るには、次のように実行します。

```
$ kill -INT %1 ◻
[1]+  割り込み              yes | wc
```

　[Ctrl + C] キーなどでジョブやプロセスが終了せず、どうしても強制終了させたいときは、「SIGKILL」シグナルを送ります（図3）。

*9　オンラインマニュアルはいくつかのセクションに分かれていて、セクションを指定するとその部分のマニュアルのみ閲覧できます。「7」は「その他」です。ちなみに「1」は「一般のコマンド」、「2」は「システムコール」、「3」は「関数」、「8」は「管理者用コマンド」です。「man signal ◻」を実行するとシステムコールの部分のマニュアルを閲覧してしまうため、「7」を指定しています。

図3 「SIGKILL」シグナルを送れば強制終了できる

　ただ、SIGKILL の場合、プロセスは終了処理などを行う猶予もなくいきなり
強制終了されてしまいます。ですので、SIGTERM シグナルや SIGINT シグナ
ルを送っても終了せず、どうしようもないときに使うようにしてください。

```
$ kill -9 %1 ⏎
[1]+  強制終了              yes | wc
```

　kill コマンドですが、echo コマンドなどと同じく、内部コマンドにも外部コ
マンド（/usr/bin/kill）にもあります。ただし、外部コマンドの kill ではジョブ
が扱えません。ジョブ番号を指定すると、次のようなエラーメッセージが表示
され、指定したジョブは強制終了されません。

```
$ /usr/bin/kill %1 ⏎
kill: プロセス "%1" が見つかりません
```

　エラーメッセージを見てわかる通り、プロセスであれば外部コマンドでも扱
えます。

第 5 章の復習

◆コマンドやアプリケーション、サービスの実行は、「プロセス」や「ジョブ」として管理・制御されます。

◆「プロセス」は Linux カーネルが管理・制御しています。実行中のプロセスは「ps」コマンドで確認できます。

◆「ジョブ」はシェルが管理・制御しています。実行中のジョブは「jobs」コマンドで確認できます。

◆ジョブはバックグラウンドで実行することもできます。バックグラウンドに切り替えるには「bg」コマンド、フォアグラウンドに切り替えるには「fg」コマンドを使います。

◆ジョブは[Ctrl+Z] キーで一時停止、[Ctrl+C] キーで強制終了が可能です。[Ctrl+C] キーを押しても強制終了できないときは、「kill」コマンドを使います。

第 6 章

テキストファイルを
エディタで編集・加工
しよう

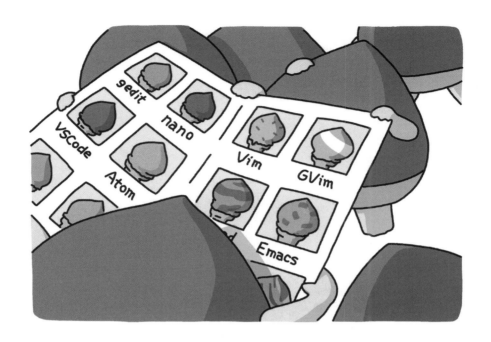

　ファイルにはさまざまな形式（ファイルフォーマット）があります。その中でも、テキスト形式のファイルである「テキストファイル」は、サービスやツールの設定ファイル、コマンドの入出力、個人的な作業メモなど、いろいろなところで使われています。このため Linux では、テキストファイルを作成したり編集したりするソフトウエアである「テキストエディタ」を使うことが多くあります。

　デスクトップ画面が使えるなら、「gedit」（**図 1**）などのテキストエディタで、マウスも使いながら直感的に操作できます。

図1　GUI アプリのテキストエディタ「gedit」の画面

　けれども、例えばクラウドなどのサーバーにリモートログインしたときには、コマンドラインでテキストエディタを使う必要があります。コマンドラインで使うテキストエディタでは、マウスを使った操作はできません。このため、最初はかなり戸惑いますが、事前に操作方法を知っておけば、恐れることは何もありません。

　第6章では、主にコマンドラインで使える「テキストエディタ」の種類とその使い方を説明します。その中でも「Vim」は操作方法が独特で、他のコマンドラインで使うテキストエディタと比べても、操作性が大きく異なります。このため、Vim の基本的な操作方法については詳しく解説します＊1。

＊1　古い Unix 系の OS では、コマンドラインで使えるテキストエディタが、Vim もしくは vi だけということがよくあります。覚えておいて損はありません！

6-1 テキストエディタによるファイルの編集

ここでは、RHEL 8 で使える「テキストエディタ」をいくつか紹介し、その後で Linux が初めてでも使いやすいテキストエディタである「nano」の使い方を紹介します。

6-1-1　テキストエディタの種類

RHEL 8 で使える代表的なテキストエディタをいくつか紹介します。

nano[*2]は、コマンドラインで動作するテキストエディタです。カーソルキーで移動し、文字を入力するとそのままカーソル位置に挿入されるため、GUI で動作するテキストエディタと同じように直感的に操作できます。それ以外の操作については、画面下部にキーが表示されており、初心者でもある程度、わかるようになっています。nano の操作方法については後述します。

Vim（Vi IMproved）[*3]は、「vi」[*4]から派生・発展したテキストエディタです。基本的にはコマンドラインで動作しますが、GUI で動作する GVim もあります（図2）。

---

*2　https://www.nano-editor.org
*3　https://www.vim.org
*4　csh の開発者でもある Bill Joy 氏が開発しました。氏は BSD や Java などの生みの親でもあり、多大な貢献をされています。

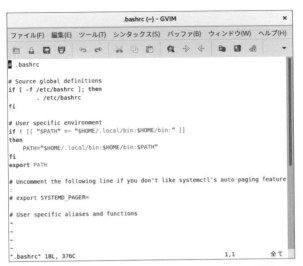

```
                    .bashrc (~) - GVIM                              ×
 ファイル(F)  編集(E)  ツール(T)  シンタックス(S)  バッファ(B)  ウィンドウ(W)  ヘルプ(H)

 .bashrc

 # Source global definitions
 if [ -f /etc/bashrc ]; then
        . /etc/bashrc
 fi

 # User specific environment
 if ! [[ "$PATH" =~ "$HOME/.local/bin:$HOME/bin:" ]]
 then
     PATH="$HOME/.local/bin:$HOME/bin:$PATH"
 fi
 export PATH

 # Uncomment the following line if you don't like systemctl's auto-paging feature
 :
 # export SYSTEMD_PAGER=

 # User specific aliases and functions
 ~
 ~
 ~
 ".bashrc" 18L, 376C                                    1,1            全て
```

図2 「Vim」の GUI 版である「GVim」の画面

Vim は、nano のような直感的に操作できるテキストエディタとは異なり、複数のモードを切り替えて編集する仕組みのため、慣れるまでに少し時間がかかります。けれども、キーボードで素早く操作できることから、Unix 系の OS で動作するテキストエディタでは、次に紹介する「Emacs」とともによく使われています[*5]。Vim の操作方法も後述します。

Emacs（Editor MACroS、Editing MACroS など諸説あり）は、拡張性の高いテキストエディタです。いくつかに派生して開発されていますが、最も有名で RHEL 8 のパッケージにもあるのが「GNU Emacs」[*6]です。Emacs では、「LISP」というプログラミング言語（Emacs Lisp）を使って拡張や設定ができます。テキストの編集だけでなく、ファイルマネジャーや電子メールリーダー、Web ブラウザー、ゲームなどの機能も持っています。また、コマンドラインだけでなく GUI でも動作します（図3）。

＊5　vi 派のユーザーと Emacs 派のユーザーとで、昔からしばしば論争が起こっていました。テキストエディタの好みを技術者に聞くときは、注意しましょう。（なお、筆者はどちらも好きですよ。）
＊6　https://www.gnu.org/software/emacs

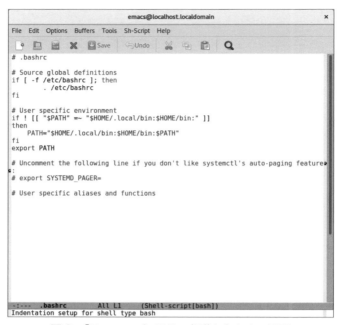

```
emacs@localhost.localdomain                                    ×

File  Edit  Options  Buffers  Tools  Sh-Script  Help

  □   □   □   ✖   □ Save    ↩Undo    ✂   □   □   🔍

# .bashrc

# Source global definitions
if [ -f /etc/bashrc ]; then
        . /etc/bashrc
fi

# User specific environment
if ! [[ "$PATH" =~ "$HOME/.local/bin:$HOME/bin:" ]]
then
        PATH="$HOME/.local/bin:$HOME/bin:$PATH"
fi
export PATH

# Uncomment the following line if you don't like systemctl's auto-paging feature▶
:
# export SYSTEMD_PAGER=

# User specific aliases and functions




-:---  .bashrc        All L1    (Shell-script[bash])
Indentation setup for shell type bash
```

図3 「Emacs」を GUI で起動したときの画面

gedit[*7]は、RHEL 8 や Ubuntu などで採用されている「GNOME デスクトップ」の標準のテキストエディタです[*8]。検索や置換、行番号の表示などの基本的な機能を備えています。タブによって複数のテキストファイルを同時に編集したり、プラグインで機能を拡張することもできます。

ほかにも Atom[*9]や Visual Studio Code[*10]といった最近人気が高まっているテキストエディタも、それぞれのホームページで公開されている（Red Hat 系であれば RPM 形式、Debian 系であれば deb 形式の）パッケージをダウンロードしてインストールすれば、デスクトップで使うことができます。

＊7　https://wiki.gnome.org/Apps/Gedit
＊8　多くのデスクトップ環境には、標準のテキストエディタがあります。例えば、「KDE」には「Kate」、「Xfce」には「Mousepad」、「LXDE」には「Leafpad」があります。
＊9　https://atom.io
＊10　https://code.visualstudio.com

6-1-2　nano の使い方

　nano は、RHEL 8 では標準でインストールされています。コマンドラインで「nano」コマンドを実行すると、起動します。あるいは、作成または編集したいテキストファイル名を引数に指定して実行します。例えば、「test.txt」というファイルを作成または編集するには、次のように実行します。

```
$ nano test.txt ⏎
```

　実行すると、画面が**図 4** のようになります。この場合、test.txt というファイルは存在しなかったため、空っぽの新規テキストファイルが表示されています。この状態で文字を入力するとその文字が追加されます。

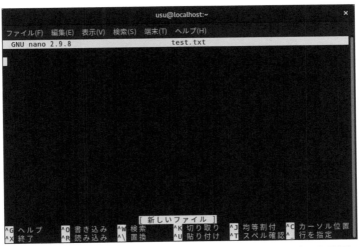

図 4　GNOME 端末でテキストエディタ「nano」を起動した画面

　2-2 で説明した bash と同様のキーバインドで、文字の削除や移動などの操作ができます。nano の主なキーバインドを**表 1** に示します。

キー操作	機能
[Delete] または [Ctrl + D]	カーソル位置の文字を削除
[Backspace] または [Ctrl + H]	カーソル位置の手前の文字を削除
[←] または [Ctrl + B]	カーソル位置を 1 文字分左に移動
[→] または [Ctrl + F]	カーソル位置を 1 文字分右に移動
[↑] または [Ctrl + P]	カーソル位置を 1 行上に移動
[↓] または [Ctrl + N]	カーソル位置を 1 行下に移動
[Ctrl + A] または [Home]	カーソル位置を行の先頭に移動
[Ctrl + E] または [End]	カーソル位置を行の末尾に移動
[Ctrl + Y] または [PageUp]	前のページに移動
[Ctrl + V] または [PageDown]	次のページに移動
[Alt + \]	ファイルの先頭に移動
[Alt + /]	ファイルの末尾に移動
[Ctrl + W]	文字列の検索
[Alt + W]	検索の繰り返し
[Ctrl + K]	カーソル位置の行を削除してバッファに格納
[Ctrl + U]	バッファに格納されている行を貼り付け（ペースト）
[Ctrl + C]	カーソル位置の表示
[Alt + U]	直前の操作の取り消し（undo）
[Alt + E]	取り消した直前の操作のやり直し（redo）
[Ctrl + G]	ヘルプの表示
[Ctrl + O]	ファイルの保存
[Ctrl + X]	終了

表1　テキストエディタ「nano」の主なキーバインド（キー操作と機能）

　図 4 や図 5 でも確認できますが、画面の下 2 行には、主なキーと機能が表示されています[11]。「^」は [Ctrl] キーを表しています。それ以外のキーバインドについては、[Ctrl] キーを押しながら [G] キーを押す（以下 [Ctrl + G] キーと表記）と表示されるヘルプで確認できます（図 5）。

---

[11]　後のヘルプや検索の際には、カーソルの移動や検索時のオプションなど、そのときに使えるキーが適宜表示されます。「M-」は [Alt] キーを表しています。

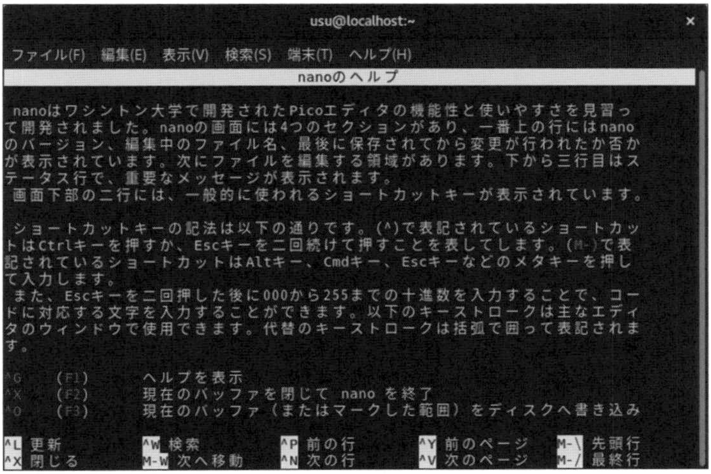

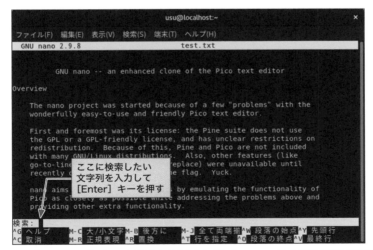

図5 ［Ctrl ＋ G］キーを押すと表示される「nano」のヘルプの画面

前述の通り、文字の削除や基本的なカーソルの移動は、bash のキーバインド
と同様です。加えて、［Ctrl ＋ Y］キーや［Ctrl ＋ V］キーで前後のページに移
動、［Alt ＋ \］キーや［Alt ＋ /］キーでファイルの先頭および末尾に移動します。
また、［Ctrl ＋ W］キーを押すと文字列を検索できます。検索する文字列を聞
かれるため、検索したい文字列を入力します（図6）。

図6 ［Ctrl ＋ W］キーを押すと表示される「nano」の文字列検索の画面

［Ctrl + K］キーでカーソル位置の行を削除しますが、削除した行は［Ctrl + U］キーで貼り付ける（ペーストする）ことができます。［Ctrl + K］キーを連続して押すと、複数行のペーストも可能です。例えば［Ctrl + K］キーを連続して5回押すと、最初のカーソル位置から5行分が削除されます。次に［Ctrl + U］キーを押すと、直前に削除した5行がカーソル位置の行に挿入されます。直前の操作を取り消す（undo）には［Alt + U］キー、取り消した操作をやり直す（redo）には［Alt + E］キーを押します。

　テキストファイルを保存するには、［Ctrl + O］キーを押します。ファイル名を聞かれるため、別のファイル名で保存したい場合はファイル名を変更します。nano を終了するには、［Ctrl + X］キーを押します。テキストが編集中の状態でファイルに保存していなければ、終了する前にファイルを保存するかどうか聞いてくれます。

6-2 Vim の使い方

　Vim の使い方を説明します。Vim について詳しく説明すると、それだけで1冊の本になってしまうくらい奥が深いため[*12]、本書では基本的な使い方に留めて説明します。

6-2-1　Vim のモードと基本的な動作

　Vim も、RHEL 8 では標準でインストールされています。nano と同じく、編集したいテキストファイルを引数に指定するか、引数なしで「vim」コマンドを実行します[*13]。

```
$ vim test.txt ⏎
```

　Vim は、**表2** に示す複数のモードを切り替えながら編集する仕組みになっています。

モード	意味
ノーマルモード	カーソルの移動や削除、コピー、貼り付け（ペースト）などを行うモード
挿入モード	文字を入力するモード
コマンドラインモード	ファイルの保存やオープン、文字列の検索・置換などを行うモード
ビジュアルモード	文字列を視覚的に選択するモード

表2　テキストエディタ「Vim」のモード

　Vim を起動した直後は、「ノーマルモード」になっています（**図7**）。ノーマルモードは、ほかのモードに切り替える起点でもあります。ほかのモードへは、あらかじめ決められたキーを押すなどすることで、切り替えられます。それぞれのモードへの切り替え方法と、そのモードでの使い方について、詳しく説明します。

[*12]　Vi と Vim の本は世の中に多く存在します。
[*13]　「vi」コマンドもありますが、実体は Vim です。

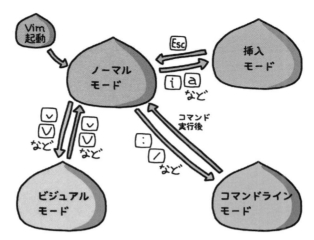

図7　テキストエディタ「Vim」は操作内容に応じてモードを切り替える

　ノーマルモードでは、主に**表3**に示すコマンド操作[*14]により、カーソルの移動や文字列の削除、コピー＆ペーストなどを操作できます。コマンド操作によって大文字と小文字を使い分けているので注意してください。

　多くのコマンドは、複数のキーが対応付けられています。慣れないうちはカーソルキーなど使い慣れたキーで操作したくなりますが、できればカーソルの移動などでは「h」や「l」などのキーで操作するようにしてください。そのほうが指の移動を最小限にでき、素早く操作できるようになります。

＊14　Vim では、文字の入力以外の用途で入力するキーのことを、コマンドと呼んでいます。

コマンド操作	機能
「h」を入力または [←]、[Backspace]	カーソル位置を 1 文字左に移動
「l」を入力または [→]、[Space]	カーソル位置を 1 文字右に移動
「k」を入力または [↑]、[Ctrl + P]	カーソル位置を 1 行上に移動
「j」を入力または [↓]、[Ctrl + N]	カーソル位置を 1 行下に移動
数字の「0」を入力または [Home]	カーソル位置を行の先頭に移動
「$」を入力または [End]	カーソル位置を行の末尾に移動
「b」を入力または [Ctrl +←]	1 単語左に移動
「w」を入力または [Ctrl +→]	1 単語右に移動
[Ctrl + B] または [PageUp]	前のページに移動
[Ctrl + F] または [PageDown]	次のページに移動
「行番号G」を入力	指定した行番号の行への移動（行番号を省略するとファイルの最終行に移動）
「x」を入力	カーソル位置の文字を削除
「dw」と入力	単語を削除してバッファに格納
「dd」と入力	行を削除してバッファに格納
「yw」と入力	単語をバッファに格納
「yy」と入力	行をバッファに格納
「P」を入力	カーソル位置にバッファの内容を貼り付け
「p」を入力	カーソル位置の 1 文字右（あるいは 1 行後ろ）にバッファの内容を貼り付け
「u」を入力	直前の操作の取り消し（undo）
「.」を入力	取り消した直前の操作のやり直し（redo）
「ZZ」と入力	ファイルを保存して Vim を終了

表 3 「Vim」の「ノーマルモード」で利用できる主なコマンド操作

第6章

　文字を削除するには「x」、単語を削除するには「dw」（「d」を入力した後に「w」を入力）、行を削除するには「dd」と入力します。削除した文字列は、小文字の「p」や大文字の「P」を入力することでペーストできます。「yw」や「yy」と入力すると、単語や行を削除せずにコピー（バッファに格納）することができ、その単語や行をペーストに利用できます。また、直前の操作を取り消す（undo）には「u」、取り消した操作をやり直すには「.」を入力します。

　コマンドの前に数字を入力すると、入力した数字分、そのコマンド操作を実行します。同じコマンド操作を繰り返し実行したいときに便利です。例えば、3 行削除するには、「3dd」と入力します（**図 8**）。

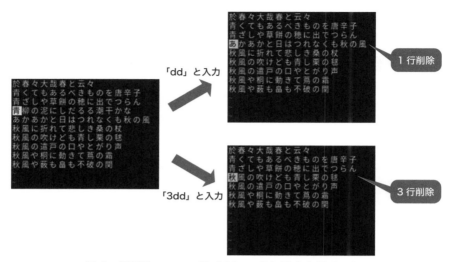

「dd」と入力

1 行削除

「3dd」と入力

3 行削除

**図8　行削除のコマンド「dd」の前に数字を付けると、
その数字の行数分が削除される**

　20文字分右へ移動するには、「20l」と入力するか、「20」と入力した後に［→］キーを押します。指定した行へ移動するコマンドは「G」ですが、「1G」と入力すると、ファイルの先頭行へカーソルを移動できます[*15]。

　テキストファイルに文字を入力（挿入）するには、「挿入モード」に移行します。ノーマルモードから挿入モードに移行するコマンド操作を**表4**に示します。

コマンド操作	機能
「i」を入力	カーソル位置から文字の入力を開始
「I」を入力	行の先頭から文字の入力を開始
「a」を入力	カーソル位置の1文字右から文字の入力を開始
「A」を入力	行末から文字の入力を開始
「o」を入力	カーソルの下に行を挿入し、入力を開始
「O」を入力	カーソルの上に行を挿入し、入力を開始

表4　「Vim」で「挿入モード」に移行するための主なコマンド操作

　挿入モードに移行すると、画面の一番下に「-- 挿入 --」と表示され、入力した文字がそのままテキストファイルに追加されます。入力し終わってノーマル

* 15　数字を省略して「G」だけを入力したり、「0G」と入力すると、ファイルの最終行へ移動します。

モードに戻るには、[Esc] キーを押します。

6-2-2　Vim の終了とファイルの保存

「コマンドラインモード」では、ファイルの保存や文字列の検索などの指示を、
画面の一番下で行います。Vim の終了やファイルの保存、Linux のコマンドを
実行するには、ノーマルモードで**表 5** に示すコマンド操作を実行します。

コマンド操作	機能
:q ⏎	Vim を終了する（ファイルを編集していると終了できない）
:q! ⏎	Vim を終了する（編集した内容を保存しないで（破棄して）終了する）
:wq ⏎	Vim を終了する（編集した内容を保存してから終了する）
:w ⏎	ファイルを保存
:w ファイル名 ⏎	ファイルを別名（指定したファイル名）で保存
:!Linux のコマンド ⏎	指定した Linux のコマンドを実行

**表 5　「コマンドラインモード」への切り替えと同時に実行することの多い
主なコマンド操作**

　最初に記号の「:」を入力した時点で、コマンドラインモードへ移行し、カー
ソルが画面の一番下に移動します。そこでコマンドを入力し、[Enter] キーを
押します。Vim を終了するには、「:q」と入力してから [Enter] キーを押します。
ただし、ファイルの内容を変更していると終了できません。変更した内容を破
棄して Vim を終了する場合は、「:q!」と入力してから [Enter] キーを押します。
ファイルを保存して Vim を終了するには、「:wq」と入力して [Enter] キーを
押すか、**表 3** に示したようにノーマルモードで「ZZ」を入力します。

　ファイルを上書き保存するには、「:w」と入力してから [Enter] キーを押します。
別のファイル名で保存するには、「:w 」（w の後に半角スペースが必要です）と
入力した後、ファイル名を指定して [Enter] キーを押します。「:!」と入力した
後、Linux のコマンドを入力して [Enter] キーを押すと、入力した Linux コマ
ンドをその場で実行できます。

6-2-3 文字列の検索と置換

ファイルの中の文字列を検索したり置換したりするコマンド操作を、**表6**に示します。

コマンド操作	機能
/文字列 ⏎	カーソル位置より後ろにある文字列を検索
?文字列 ⏎	カーソル位置より前にある文字列を検索
n ⏎	次の検索結果に移動
N ⏎	前の検索結果に移動
:s/置換前の文字列/置換後の文字列/ ⏎	文字列の置換（その行で最初の一つだけ）
:s/置換前の文字列/置換後の文字列/g ⏎	文字列の置換（その行すべて）

表6　検索や置換で利用する主なコマンド操作

「/」や「?」で文字列を検索できます。これらの文字を入力すると、画面の一番下にカーソルが移動するので、検索したい文字列を入力し、[Enter] キーを押します。二つ目以降の検索結果に移動するには、「n」を繰り返し入力します。

文字列を別の文字列に置換するには、「:s/置換前の文字列/置換後の文字列/」と入力して [Enter] キーを押します[16]。その行に「置換前の文字列」があれば、最初に見つけた文字列を「置換後の文字列」に置き換えます。一つだけでなく、その行にあるすべての文字列を置換するには、末尾に「g」を追加して「:s/置換前の文字列/置換後の文字列/g」と入力して [Enter] キーを押します。

6-2-4 適用範囲をビジュアルに選ぶ

「ビジュアルモード」では、コマンドの適用範囲をビジュアルに選ぶことができます。ビジュアルモードに移行する主なコマンド操作を**表7**に示します。

＊16　「sed」コマンドの置換と同じです。8-2 で詳しく説明します。

コマンド操作	機能
「v」を入力	文字単位のビジュアルモードに移行
「V」を入力	行単位のビジュアルモードに移行
[Ctrl + V]	矩形単位のビジュアルモードに移行
「gv」と入力	直前に選択した範囲をもう一度選択した状態でビジュアルモードに移行

表7 「Vim」で「ビジュアルモード」へ移行する主なコマンド操作

　小文字の「v」や大文字の「V」を入力するか、[Ctrl + V] キーを押すと、ビジュアルモードに移行し、画面の一番下に「-- ビジュアル --」や「-- ビジュアル 行 --」と表示されます（図9）。

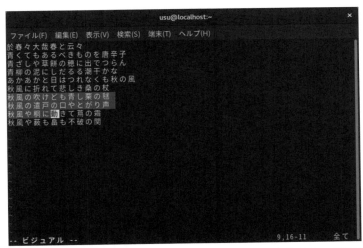

図9　テキストエディタ「Vim」で「ビジュアルモード」に切り替えて範囲を選択した画面

　ノーマルモードでのカーソルの移動と同じようにカーソルを移動させると、選択した範囲の背景色を変えて表示してくれます。「gv」と入力すると、ビジュアルモードで直近に選択した範囲を再度選択した状態にして、ビジュアルモードへ移行します。

　範囲を選択した状態でコマンドを実行すると、その範囲に対して処理を行います。例えば、「x」や「d」を入力すると、選択した範囲を削除します。「y」を入力すると、選択した範囲をバッファへ格納します。もし、ビジュアルモード

へ移行後、コマンドを実行せずにノーマルモードへ戻りたいときは、ビジュア
ルモードへ移行したときのキーを再度入力するか、[Esc] キーを押します* 17。

6-2-5　Vim のカスタマイズ

　Vim にはいろいろなオプションがあり、それらを有効にすることでカスタマ
イズできます。オプションの設定には「:set」コマンドを使います。「:set オプショ
ン名」や「:set オプション名=値」と入力すると、オプションを有効にできます。
また、オプション名の先頭に「no」を付けて「:set no オプション名」と入力す
ると無効になります。主なオプションを**表8**に示します* 18。

オプション名	意味	値
number	行番号の表示	-
cursorline	カーソルのある行に下線を表示	-
cursorcolumn	カーソルのある行を強調表示	-
list	タブと行末を「^I」と「$」で表示	-
title	ウィンドウタイトルの表示	-
wrap	長い行を折り返して表示	-
tabstop	タブの表示幅を決める	数値
autoindent	直前の行から新しい行のインデントを決める	-
cindent	C 言語用のインデントを使う	-
smartindent	高度なインデントを使う	-
expandtab	入力したタブをスペースに変換	-
spell	スペルチェック	-

表8　テキストエディタ「Vim」の主なオプション

　例えば、「:set number」と入力すると行番号を表示します。「:set nonumber」
と入力すると、行番号を表示しなくなります。なお、「:set オプション名?」と
入力すると、そのオプションの現在の設定を表示します。
　これらの設定は、Vim を終了すると無効になってしまいます。けれども、ホー
ムディレクトリーの「.vimrc」という Vim の設定ファイルに記述しておくと、

＊ 17　「gv」のときは、直近でビジュアルモードに移行したときのキーを押すか、あるいは [Esc]
キーを押します。
＊ 18　「筆者の独断と偏見で「主な」オプションを選びました。

Vim の起動時に反映されます。以下に .vimrc ファイルの設定例を示します。な
お、「"」はコメントを表す文字で、「"」から行末まではコメントとみなされます。

```
set cindent
set cinoptions=>2   "cindent で通常追加されるスペースの量 "
highlight ZenkakuNumSpc term=underline cterm=underline gui=underline
match ZenkakuNumSpc /[１２３４５６７８９０　]/   " 全角の数字と空白 "
map Q :q<CR>   " 「Q」を押すと Vim を終了する "
```

6-2-6　もっと Vim を学ぶには

　Vim について、本書で説明できるのはここまでです。もっと詳しく知りたい
という方は、オンラインマニュアル（「man vim ⏎」を実行）か、Vim の「:help」
コマンドで表示されるヘルプ（**図 10**）をご覧ください。特にヘルプは、詳細な
説明が記載されており、非常に参考になります（ただし英語です）。

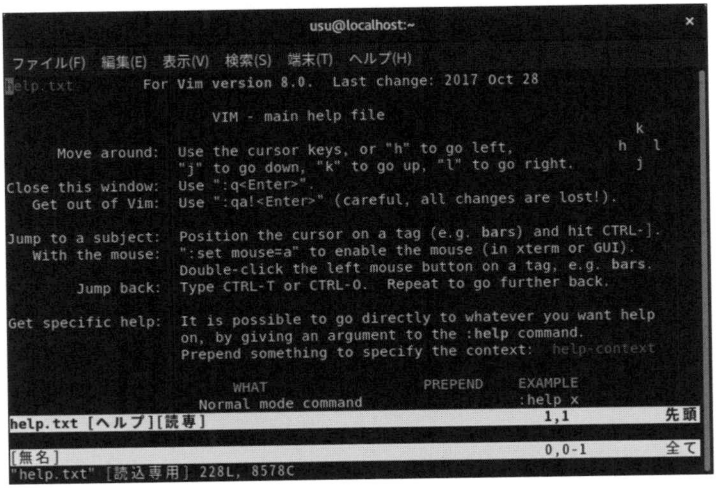

図 10　「:help」コマンドを実行すると表示されるヘルプの画面

　:help コマンドには引数を指定できます。指定した引数に関するヘルプを表示
します。例えば、「:help x」を実行すると、小文字の「x」コマンドに関するヘ
ルプを表示します。ほかにも、オンラインマニュアルやヘルプ自身に例が記載

されています[*19]。

　また、Vim には「vimtutor」コマンドというチュートリアルを実施するコマンドがあります（**図11**）。

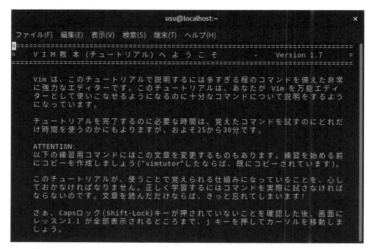

図11　「vimtutor」コマンドを実行すると表示されるチュートリアルの画面

　記載されている通り（ありがたいことに日本語です）に実施することで、Vim の使い方を覚えられるようになっています。チュートリアルの文書は千行弱で、七つのレッスンで構成されています。焦らず少しずつ、必要なところからトライしてみましょう。

* 19　「:help quickref」で表示されるクイックリファレンスが、さっと確認するときに便利です。

第6章の復習

◆コマンドラインで使える主な「テキストエディタ」として、「nano」「Vim」「Emacs」があります。

◆「nano」は多くの Linuxディストリビューションで標準インストールされていて、三つの中では最も直感的に操作できます。[Ctrl＋K] キーを押すと行削除など、[Ctrl] キーや[Alt] キーを組み合わせた操作に、さまざまな機能が割り当てられています。

◆「Vim」は、文字を入力する「ノーマルモード」または「挿入モード」、保存や検索、置換などを実行する「コマンドラインモード」、範囲を指定する「ビジュアルモード」など、モードを切り替えながら、テキストファイルを作成していきます。慣れるまでに時間がかかるかもしれませんが、慣れると非常に効率よくテキストファイルを作成できます。

第 **7** 章

ファイルをコマンドで
編集・加工しよう

　Linux には、いろいろな機能を持ったコマンドがたくさんあり、これらを組み合わせるとさまざまな処理を実行できます。ですが、ファイルにもいろいろな種類があり、その種類によってやりたいことやできることが変わってきます。

　ファイルには、大きく分けて「テキストファイル」と「バイナリーファイル」の2種類があります。Linux を含む Unix 系の OS では、テキストファイルから情報を得たり、テキスト形式で情報をやりとりしたりすることを想定したコマンドが数多くあります。そこで第7章では、テキストファイルを閲覧したり処理したりする代表的なコマンドと、その使い方を紹介します。

　また、世の中には、画像や音声などを扱うバイナリーファイルも多くあります。特定のバイナリーファイルを扱うコマンドを紹介することは（紙面の都合上）難しいため、いろいろなバイナリーファイルを扱う汎用的なコマンドをいくつか紹介します。これらのコマンドの使い方がわかれば、テキストファイルから重要な情報だけを取り出したり、有用な形式に変換したりできます。まずは、記載している例を実行してみて、何となく理解できたら、ちょっとひねった使い方も考えて試してみてください。

7-1 テキストファイルとバイナリーファイル

ファイルを処理するコマンドの使い方を紹介する前に、「ファイルフォーマット」について説明します。

7-1-1 ファイルフォーマットとは

「ファイルフォーマット」とは、アプリやコマンドが、文書や画像、動画などを同じように扱えるよう、ファイルの中身の形式を定めたものです[*1]。例えば、「GIMP」などの画像編集ソフトで作成した画像が、ほかのアプリやスマホなどで扱えないと不便です。そこで、ファイルのどの位置にどのような情報を格納するかを、あらかじめ決めておきます。これを「ファイルフォーマット」と呼びます。

例えば、画像ファイルの場合、写真に適した「JPEG（Joint Photographic Experts Group）」、線画に適した「PNG（Portable Network Graphics）」や「GIF（Graphics Interchange Format）」などがあります。文書の場合、テキストファイルのほかに、米 Microsoft 社のオフィス文書作成ソフト「Word」で使用される「DOC」や、オープンソースの「OpenOffice」などで使われる「ODT (OpenDocument Text)」、どのアプリや OS でも同じように表示できる「PDF (Portable Document Format)」などがあります。

7-1-2 テキストファイルと改行コード

テキストファイルだと、標準出力にそのまま出力して、中身を閲覧できます。テキストファイルの中身は、文字と制御文字だけです。文字は使われる「文字コード」[*2]によって異なりますが、英数字は大抵「ASCII」という文字コード

第7章

[*1] その分野の専門家が集まってフォーマットの仕様を決めています。その多くは公開され、無償で利用できます（そうでないものもあります）。
[*2] どのようなデータで文字を表すか定めたものです。例えば「あ」を「UTF-8」で表すと「e3 81 82」の 3 バイト（の 16 進数）になりますが、「Shift-JIS」で表すと「82 a0」の 2 バイトになります。

131

で表されます。制御文字は、改行やタブなどの特別な動作を行うための文字です。ASCIIには制御文字も含まれます。例えば、改行は16進数で「0a」、タブは「09」です。

　ただ、LinuxなどのUnix系OSとWindowsとでは、「改行コード」（改行を表す制御文字）が異なります。Linuxなどでは「0a」の1バイトで表しますが、Windowsでは「0d 0a」の2バイトで表します。このため、Linuxで作成したテキストファイルをWindowsで扱おうとすると、使用するアプリによって改行されないという問題が起こります。

　これを回避するには、Windows用の改行コードに変換します。Linux PCで作成したテキストファイルの改行コードをWindows用の改行コードに変換するには、「unix2dos」コマンドを使います[*3]。テキストファイルを引数に指定すると、指定したテキストファイルの改行コードを変換します。

　例えば、「技術メモ.txt」というファイル名のテキストファイルの改行コードを変換するには、次のように実行します。

```
$ unix2dos 技術メモ.txt ⏎
unix2dos: ファイル 技術メモ.txt を DOS 形式へ変換しています。
```

　引数に指定したテキストフイルは、改行コードが変換された状態で上書きされます。このように、変換した結果を元のテキストファイルに上書きするのではなく、別のテキストファイルへ保存するには、「-n」オプションと元のテキストファイル、変換後のテキストファイルを引数に指定して実行します。

　「技術メモ.txt」を変換して「技術メモ_win.txt」というテキストファイルに保存する実行例を、次に示します。

```
$ unix2dos -n 技術メモ.txt 技術メモ_win.txt ⏎
unix2dos: 技術メモ.txt から 技術メモ_win.txt へ DOS 形式で変換しています。
```

　ファイル名を指定しなければ、標準入力から読み込み、標準出力へ出力します。

[*3]　RHEL 8では標準でインストールされています。UbuntuなどのLinuxディストリビューションでは「dos2unix」パッケージをインストールすれば使えます。

また、改行コードを Windows 用から Linux 用に戻す「dos2unix」コマンドも
あります。使い方は同じです。

7-1-3　バイナリーファイルとは

　前述のテキストファイル以外のファイルは「バイナリーファイル」と呼ばれ
ます。標準出力に出力して閲覧しても、呪文のような文字ばかり表示されてし
まいます。例えば、「cat」コマンドで「ls」コマンド（のバイナリーファイル）
を標準出力に出力すると、端末エミュレーターの画面には次のように表示され
ます。

```
$ cat /usr/bin/ls ⏎
ELF>^@H(@8
@@@@00ppp( ( ⊠ p⊠p⊠!p⊠!⊠⊠% ⊠    ⊠     "⊠    "⊠⊠⊠ ⊠⊠⊠ DDP
⊠ td ⊠⊠⊠⊠ Q ⊠ tdR ⊠ tdp ⊠ p ⊠ !p ⊠ ! ⊠⊠ /lib64/ld-linux-x86-64.so.2GNU ⊠ GNUGN
U\ ⊠⊠⊠⊠⊠ _EYK ⊠⊠⊠⊠⊠ N} ⊠⊠ (A ⊠⊠ } ⊠⊠⊠⊠⊠⊠⊠⊠ `BE ⊠⊠ ~j ⊠ u>[ ⊠⊠⊠ |
N ⊠⊠⊠⊠ < ⊠⊠ qXM> ⊠
            H ⊠⊠ x^^ ⊠ d ⊠ 6 ⊠  ⊠⊠⊠⊠⊠⊠⊠⊠ +Um ⊠ X ⊠⊠⊠⊠ - ⊠⊠ {jv ⊠
G_i=V ⊠⊠⊠⊠ H ⊠ $5 ⊠⊠ 6
j ⊠ N ⊠ - ⊠ W ⊠⊠⊠⊠ - ⊠⊠⊠⊠ , ⊠⊠ % ⊠⊠⊠⊠ N ⊠ H ⊠ % ⊠ V ⊠⊠⊠ ? ⊠ b ⊠⊠⊠⊠ g<

⊠ ! ⊠⊠ "u\ ⊠ & ⊠ p@L ⊠ a ⊠⊠ H"; ⊠ a ⊠⊠ b7 ⊠⊠ $" ⊠⊠ a ⊠⊠ c) ⊠ H"[Ochlibselinu
x.so.1_ITM_deregisterTMCloneTable__gmon_start___ITM_registerTMCloneTablefg
etfileconfreeconlgetfileconlibcap.so.2cap_to_textcap_freecap_get_filelibc.
so.6fflushstrcpygmtime_r__printf_chkfnmatchreaddirsetlocalembrtowcstrncmpo
ptindstrrchrfflush_unlockeddcgettextstpncpygetpwuidclosedirgetgrgiderrorsi
gnalmbstowcssigprocmask__stack_chk_fail__lxstatiswprintreallocabort_exitst
rspnprogram_invocation_namestrftime__assert_faillocaltime_r__ctype_get_mb_
cur_maxisattygetpwnamcallocstrlensigemptysetmemsetlocaleconv__errno_locati
onmemcmpmempcpyunsetenv_setjmp__fprintf_chksigaddsetgetgrnamwcswidthstdout
lseekmemcpyfclosestrtoulmalloctimegmraisembsinittzsetnl_langinfoopendir__c
type_b_locgetenv_obstack_allocated_poptarg__freadingstderrwcwidthioctl_obs
tack_begin_1_obstack_newchunk__snprintf_chkreadlinkgetopt_long__fxstatfile
nogethostname_obstack_memory_usedgetcwdfwritegettimeofdaysigaction__memcpy
_chksigismemberclock_gettime__fpendingstrchriswcntrlmktimeprogram_invocati
on_short_namewcstombs__ctype_toupper_loc__ctype_tolower_locobstack_alloc_f
ailed_handler__cxa_finalize__sprintf_chk__xstatgetxattrmemmove_obstack_beg
inbindtextdomain__fxstatatfwrite_unlockedstrcmptcgetpgrp__libc_start_maind
irfdfseekostrcollsnprintf__overflow__strtoul_internal_obstack_freefputs_un
```

```
locked__progname__progname_full__cxa_atexit_edata__bss_start_endGLIBC_2.1
4GLIBC_2.4GLIBC_2.17GLIBC_2.3.4GLIBC_2.2.5GLIBC_2.3 ▢ p ▢▢ ^x ▢▢ ^ ▢▢▢▢ !
▢▢▢ i ▢▢  o ▢▢▢ i ▢▢▢ o ▢▢▢ e ▢▢▢ o ▢▢▢ e ▢▢ @p ▢▢▢▢▢▢▢▢▢▢ ▢▢
▢ P ▢ 0s ▢▢▢▢  0 ▢ (p ▢▢▢ 8p ▢ @ ▢ nH ▢▢ P0 ▢ X ▢▢ `jh ▢ rp ▢ ixpr ▢ @ ▢▢ ▢
▢▢▢▢▢▢ P ▢▢▢▢▢▢▢ ` ▢▢ 0 ▢▢▢▢▢ p ▢▢▢▢  ₃ (P ▢
(略)
```

　このためバイナリーファイルでは、テキストファイルのようにファイルの中身を気軽に編集したり加工したりすることが難しくなります。けれども、格納する情報はテキストに限定されないため、画像や音声などさまざまな情報を扱うことができます*⁴。

　バイナリーファイルを閲覧したり編集したりするには、専用のアプリケーションやツールが必要です。ただ、どのバイナリーファイルに対しても使えるコマンドがあります。7-3 で、それらのコマンドの使い方をいくつか紹介します。

----

*4　画像などを（XMLやJSONなどの）テキスト形式で表すこともできますが、人にとって見やすくなるとは限りませんし、コンピュータには扱いづらくなります。

7-2 テキストファイルの閲覧・操作

　第6章でも紹介した通り、テキストファイルは Linux のさまざまなところで使われています。ここでは、テキストファイルを閲覧したり操作したりする代表的なコマンドと、その使用例を紹介します。正確な書式や詳細な使い方は、オンラインマニュアル（「man」コマンド）で確認してください。

7-2-1　標準出力への出力

テキストファイルを標準出力へ出力するコマンドを紹介しましょう（図1）。

図1　テキストファイルを標準出力へ出力するコマンドたち

　まずは、主に第3章で紹介しましたが、ファイルの中身を標準出力へ出力する「cat」コマンドです。ファイル名を引数に指定して実行すると、そのファイルの中身を出力します。ちょっとしたテキストファイルの中身を確認したいときに便利です。例えば「/etc/passwd」ファイルを出力するには、次のように実行します。

```
$ cat /etc/passwd ⏎
root:x:0:0:root:/root:/bin/bash
bin:x:1:1:bin:/bin:/sbin/nologin
daemon:x:2:2:daemon:/sbin:/sbin/nologin
adm:x:3:4:adm:/var/adm:/sbin/nologin
(略)
```

「-n」オプションを指定すると、行番号を付けて出力します。

```
$ cat -n /etc/passwd ⏎
     1 root:x:0:0:root:/root:/bin/bash
     2 bin:x:1:1:bin:/bin:/sbin/nologin
     3 daemon:x:2:2:daemon:/sbin:/sbin/nologin
     4 adm:x:3:4:adm:/var/adm:/sbin/nologin
(略)
```

　また、テキストファイルを複数指定すると、指定した順にテキストファイル
の中身を出力します。古いログと新しいログを合わせて確認したいときや、複
数のテキストファイルを1個の新しいテキストファイルに統合したいときなど
に使います。例えば、「log_202104_1.txt」と「log_202104_2.txt」をつなぎ合
わせた結果を「バックアップ/log_202104.txt」というテキストファイルに保存
するには、次のように実行します。

```
$ cat log_202104_1.txt log_202104_2.txt > バックアップ/log_202104.txt ⏎
```

　なお、ファイル名を指定しなければ標準入力から読み込んで処理します。こ
れはcatコマンドだけでなく、以降で紹介するコマンドでも同じです。例えば、
lsコマンドの出力結果に行番号を付けるには、パイプラインを使って次のよう
に実行します。

```
$ ls | cat -n ⏎
     1 ダウンロード
     2 テンプレート
     3 デスクトップ
```

　一つ注意すべき点は、大きなテキストファイルを cat コマンドで出力すると、しばらく出力しっぱなしの状態になってしまうことです。もし途中で出力を止めたいときは、[Ctrl] キーを押しながら [C] キーを押して (以下 [Ctrl ＋ C] キーと表記) cat コマンドを強制終了します。

　テキストファイルの一部の行だけを出力するには、「head」コマンドと「tail」コマンドを使います。head コマンドは、テキストファイルの先頭から指定した行数だけを出力します。tail コマンドは、末尾から指定した行数だけを出力します。どちらも、引数にファイル名だけを指定して実行すると、先頭の 10 行または末尾の 10 行を出力します。「/etc/passwd」ファイルを出力する実行例を、次に示します。

■「head」コマンドの実行例
```
$ head /etc/passwd ⏎
root:x:0:0:root:/root:/bin/bash
bin:x:1:1:bin:/bin:/sbin/nologin
daemon:x:2:2:daemon:/sbin:/sbin/nologin
adm:x:3:4:adm:/var/adm:/sbin/nologin
lp:x:4:7:lp:/var/spool/lpd:/sbin/nologin
sync:x:5:0:sync:/sbin:/bin/sync
shutdown:x:6:0:shutdown:/sbin:/sbin/shutdown
halt:x:7:0:halt:/sbin:/sbin/halt
mail:x:8:12:mail:/var/spool/mail:/sbin/nologin
operator:x:11:0:operator:/root:/sbin/nologin
```

■「tail」コマンドの実行例
```
$ tail /etc/passwd ⏎
cockpit-wsinstance:x:979:978:User for cockpit-ws instances:/nonexisting:/s
bin/nologin
flatpak:x:978:977:User for flatpak system helper:/:/sbin/nologin
colord:x:977:976:User for colord:/var/lib/colord:/sbin/nologin
rpcuser:x:29:29:RPC Service User:/var/lib/nfs:/sbin/nologin
gdm:x:42:42::/var/lib/gdm:/sbin/nologin
gnome-initial-setup:x:976:975::/run/gnome-initial-setup/:/sbin/nologin
sshd:x:74:74:Privilege-separated SSH:/var/empty/sshd:/sbin/nologin
rngd:x:975:974:Random Number Generator Daemon:/var/lib/rngd:/sbin/nologin
```

第7章

```
tcpdump:x:72:72::/:/sbin/nologin
usu:x:1000:1000:Hisashi USUDA:/home/usuda:/bin/bash
```

　出力する行数を変えたいときは、引数に「- 行数」または「-n 行数」を指定
します。先頭の 1 行だけを出力する実行例を示します。

```
$ head -1 /etc/passwd ⏎
root:x:0:0:root:/root:/bin/bash
```

　head コマンドと tail コマンドを組み合わせれば、途中の行も出力できます。
例えば、9 行目と 10 行目の 2 行を出力するには、まず head コマンドで先頭の
10 行を出力し、その出力をパイプラインを使って tail コマンドに渡し、末尾の
2 行を出力します。

```
$ head /etc/passwd | tail -2 ⏎
mail:x:8:12:mail:/var/spool/mail:/sbin/nologin
operator:x:11:0:operator:/root:/sbin/nologin
```

　念のため、実際に 9 〜 10 行目かどうか確認するには、cat コマンドで行番号
を指定すると表示されます。

```
$ cat -n /etc/passwd | head | tail -2 ⏎
     9 mail:x:8:12:mail:/var/spool/mail:/sbin/nologin
    10 operator:x:11:0:operator:/root:/sbin/nologin
```

　9 〜 10 行目が出力されていることを確認できました。実際には特定の行をピ
ンポイントに確認することよりも、ファイルの中身を見ながら確認することの
ほうが多いと思います。そんなときは、「less」などのページャーを使ったほう
が簡単で便利です。
　使用する頻度は少ないですが、テキストファイルを逆順に出力するコマンド
もありますので、紹介しておきます。まず、テキストファイルを、最終行から

先頭行に向かって逆順に出力するコマンドが「tac」です[*5]。使い方は、cat コマンドと概ね同じです。ログを新しい順に確認したいときなどに使います。例えば、システムのログである「/var/log/messages」の直近の5行を、新しい順に出力するには次のように実行します[*6]。

```
$ sudo tac /var/log/messages | head -5 ⏎
May 23 10:52:15 localhost systemd[1]: fprintd.service: Succeeded.
May 23 10:51:45 localhost systemd[1]: Started Fingerprint Authentication D
aemon.
May 23 10:51:45 localhost dbus-daemon[825]: [system] Successfully activated
 service 'net.reactivated.Fprint'
May 23 10:51:45 localhost systemd[1]: Starting Fingerprint Authentication
 Daemon...
May 23 10:19:17 localhost systemd[1]: Started dnf makecache.
```

　行単位で逆順ではなく、それぞれの行で、行末から行の先頭へ逆順に出力するコマンドが「rev」です。例えば「/etc/hostname」ファイルにはホスト名が記録されています。

```
$ cat /etc/hostname ⏎
localhost.localdomain
```

　この /etc/hostname ファイルを rev コマンドで処理してみましょう。

```
$ rev /etc/hostname ⏎
niamodlacol.tsohlacol
```

　文字の並びが逆になっていることが確認できます。テキストファイルの内容が日本語で記述してあっても、きちんと逆になります。

＊5　コマンド名は「cat」を逆から読んだときの並びに由来します。
＊6　「/var/log/messages」ファイルを読み込むには管理者権限が必要なため、「sudo」コマンドを介して実行しています。

```
$ echo いろはにほへと | rev ⏎
とへほにはろい
```

7-2-2　行の並べ替え

　テキストファイルの内容をそのまま出力するのではなく、順番を並べ替えてから出力したいときがあります。そのようなときに使うコマンドが「sort」コマンドと「uniq」コマンドです（**図2**）。

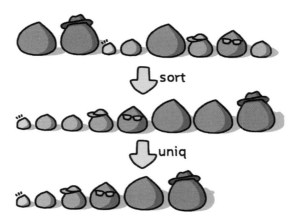

図2　行の並び替えを実行する「sort」コマンドと「uniq」コマンド

　まずは sort コマンドを紹介します。sort コマンドは、テキストファイルの各行を、アルファベット順や数値順に並べ替えます。例えば、「/etc/passwd」ファイルをアルファベット順に並べ替えるには、次のように実行します。

```
$ sort /etc/passwd ⏎
adm:x:3:4:adm:/var/adm:/sbin/nologin
avahi:x:70:70:Avahi mDNS/DNS-SD Stack:/var/run/avahi-daemon:/sbin/nologin
bin:x:1:1:bin:/bin:/sbin/nologin
chrony:x:992:986::/var/lib/chrony:/sbin/nologin
(略)
```

数値の順に並べ替えたいときは「-n」オプションを使います。例えば「/proc」ディレクトリーには、現在実行中のプロセスの「プロセスID」のディレクトリーがあります。これを sort コマンドでそのまま（アルファベット順に）並べ替えると、次のようになります[*7]。

```
$ ls -I[A-Za-z]* /proc/ | sort ⏎
1
10
11
1190
1198
1199
12
1201
13
14
（略）
```

　この実行結果を見ると、数値の大小の順に並んでいません。これは、数値としてではなく文字として比較しているためで、行の先頭が「1」の行を先に出力しているからです。「-n」オプションを引数に指定すると、数値順に並べ替えられます。

```
$ ls -I[A-Za-z]* /proc/ | sort -n ⏎
1
2
3
4
6
9
10
11
12
```

＊7　ls コマンドに「-I」（「i」の大文字です）オプションを指定すると、指定したパターンにマッチするファイルやディレクトリーを出力しません。ここではアルファベットで始まるファイル名やディレクトリー名を指定して出力から除外しています。なお、指定するパターンはシェルの「パス名展開」と同じです。シェルのパス名展開については 8-1 で詳しく説明します。

「-r」オプションで逆順に並べ替えられます。上記の実行例に「-r」オプション
を追加して実行すると、次のようになります。

```
$ ls -I[A-Za-z]* /proc/ | sort -nr ⏎
56503
56502
56501
56498
56439
56368
56089
53597
52629
51809
（略）
```

　uniq コマンドは、同じ内容の行が続くと、重複する行を取り除きまとめます。
あくまでも連続している行が対象となるため、とびとびで同じ内容の行があっ
ても取り除いてくれません。このため、前述の sort コマンドと組み合わせて使
われることが多いです。例えば、実行中のコマンドの一覧を作りたいとします。
すべてのユーザーのコマンド名を確認するには、次のように「ps」コマンドを
実行します。

```
$ ps -e -o comm --no-headers ⏎
systemd
kthreadd
rcu_gp
rcu_par_gp
kworker/0:0H-kblockd
mm_percpu_wq
ksoftirqd/0
rcu_sched
migration/0
watchdog/0
```

(略)

　この出力を sort コマンドで並べ替えると、コマンド名がいくつか重複していることがわかります。

```
$ ps -e -o comm --no-headers | sort ⏎
(sd-pam)
(sd-pam)
ModemManager
NetworkManager
Xorg ┐
Xorg ┘← 「Xorg」が重複
(略)
bash ┐
bash ├← 「bash」が重複
bash ┘
(略)
```

　あくまでも実行中のコマンドの種類だけを洗い出したいのであれば、uniq コマンドで重複を取り除くことで目的を果たせます。

```
$ ps -e -o comm --no-headers | sort | uniq ⏎
(sd-pam)
ModemManager
NetworkManager
Xorg
accounts-daemon
(略)
avahi-daemon
bash
blkcg_punt_bio
(略)
```

　なお、「-c」オプションを指定すると、重複している行の数を合わせて出力します。これで、どのくらい重複しているのかを確認できます。上記の実行例に-c オプションを追加すると、コマンドごとに重複している行の数、つまりコマンドごとのプロセスの総数を確認できます。

```
$ ps -e -o comm --no-headers | sort | uniq -c ⏎
      2 (sd-pam)
      1 ModemManager
      1 NetworkManager
      2 Xorg
      1 accounts-daemon
(略)
      2 avahi-daemon
      3 bash
      1 blkcg_punt_bio
(略)
```

7-2-3　文字の置換・削除

　「tr」コマンドを使うと、テキストファイルの文字を置き換えたり取り除いたりして見栄えをよくしたり、処理しやすいように整えたりすることができます。tr コマンドは、標準入力から読み込んだテキストの文字を置き換えたり削除したりして、標準出力に出力します。第 1 引数には置き換える前の文字、第 2 引数には置き換えた後の文字を指定します。

　4-1 では、「/etc/passwd」ファイルの「:」を「,」に置き換える実行例を示しました。ほかに、スペースを改行に置き換えて見やすくする、という用途があります。例えば、「/proc/loadavg」にはシステムの情報（1 分間、5 分間および 15 分間の CPU の負荷、実行中のプロセス数 / 総プロセス数、最後に使ったプロセス ID）がスペースで区切られて、1 行に収まっています。

```
$ cat /proc/loadavg ⏎
1.22 0.87 0.37 3/525 72403
```

　これを、tr コマンドでスペースを改行に置き換えると、次のようになります[8]。

＊8　システムの状態は常に変化するため、同じ値が得られることは稀です。また、スペースは引数を分ける文字ですが、スペースそのものとして解釈してもらうため、シングルクォート（'）で囲っています。8-1 で詳しく説明します。

```
$ tr ' ' '\n' < /proc/loadavg ⏎
0.80
0.79
0.36
2/525
72414
```

　置き換える文字は複数指定できます。例えば、アルファベットの小文字をすべて大文字に置き換えるには、次のように実行します。

```
$ tr abcdefghijklmnopqrstuvwxyz ABCDEFGHIJKLMNOPQRSTUVWXYZ < /etc/hostname
⏎
LOCALHOST.LOCALDOMAIN
```

　ただ、アルファベットの全部の文字を指定するのは大変です。代わりに、連続する文字を「-」で範囲指定できます。アルファベットの小文字「a」から「z」と大文字「A」から「Z」は、次のように「a-z」と「A-Z」で表せます。

```
$ tr a-z A-Z < /etc/hostname ⏎
LOCALHOST.LOCALDOMAIN
```

　また、「-d」オプションと消したい文字を指定すると、指定した文字を削除できます。例えば、bash を実行しているプロセスのプロセス ID を 1 行で出力したい場合、次のように改行を削除することで実現できます。

```
$ ps -C bash -o pid --no-headers | tr -d '\n' ⏎
  3487  50699  70876
```

　ほかにも、数値データの入ったファイルの「-」の文字を削除することで、数値を絶対値に変換することもできます。

7-2-4　このほかの便利なコマンド

　テキストファイルを扱うコマンドは、まだまだたくさんあります。全部を紹介しきれませんが、比較的使うことの多いコマンドをいくつか紹介します。

　「cut」コマンドは、テキストファイルの各行の特定のフィールドを抜き出すコマンドです。「-d」オプションでフィールドを区切る文字を[*9]、「-f」オプションで抜き出すフィールドを（抜き出したいフィールドが複数あれば「,」で区切って）指定します。例えば、「/etc/passwd」ファイルは各情報が「:」で区切られています。区切られた情報のうち、最初（ユーザー名）と3番目（ユーザーID）だけを抜き出すには、次のように実行します。

```
$ cut -d: -f1,3 /etc/passwd ⏎
root:0
bin:1
daemon:2
adm:3
lp:4
（略）
```

　上記の実行結果を見てわかる通り、出力したフィールドの区切り文字は入力と同じになっています。「--output-delimiter」オプションを使うと、この区切り文字を自分の好きな区切り文字に変更できます。例えば「,」に置き換えるには次のように実行します。

```
$ cut -d: -f1,3 /etc/passwd --output-delimiter=, ⏎
root,0
bin,1
daemon,2
adm,3
lp,4
（略）
```

　コマンドの標準出力への出力を、ファイルに保存しつつ画面にも表示したい

＊9　「-d」オプションを省略した場合、フィールドの区切り文字はタブです。

ときは、「tee」コマンドを使います。標準入力から読み込んだ内容を、引数に指定されたファイルと標準出力の双方に出力します。時間のかかる処理をしつつ、その状況を確認したいときに便利です。

例えば、bzip2 コマンドでファイルを圧縮するとき、「-v」オプションを指定すると途中経過を標準エラー出力に出力します。これを「bzip2_result.txt」というファイルに保存しつつ、標準出力にも出力するには次のように実行します。

```
$ bzip2 -v 巨大1.dat 巨大2.dat 巨大3.dat 2>&1 | tee bzip2_result.txt ⏎
  巨大1.dat:  3.457:1,  2.314 bits/byte, 71.07% saved, 52909504 in, 1530718
9 out.
  巨大2.dat: 10.582:1,  0.756 bits/byte, 90.55% saved, 40085088 in, 3788072
 out.
  巨大3.dat:  3.267:1,  2.449 bits/byte, 69.39% saved, 76884320 in, 2353249
8 out.
```

画面に表示された内容が、bzip2_result.txt ファイルにも保存されていることを、cat コマンドで確認できます。

```
$ cat bzip2_result.txt ⏎
  巨大1.dat:  3.457:1,  2.314 bits/byte, 71.07% saved, 52909504 in, 1530718
9 out.
  巨大2.dat: 10.582:1,  0.756 bits/byte, 90.55% saved, 40085088 in, 3788072
 out.
  巨大3.dat:  3.267:1,  2.449 bits/byte, 69.39% saved, 76884320 in, 2353249
8 out.
```

4-1 で紹介しましたが、「wc」コマンドはテキストファイル（または標準入力から読み込んだテキスト）のバイト数、単語数、行数を出力します。例えば、bash のドキュメントである「/usr/share/doc/bash/README」というテキストファイルの行数などを確認するには、次のように実行します。

```
$ wc /usr/share/doc/bash/README ⏎
  36  176 1084 /usr/share/doc/bash/README
```

「-l」オプションを指定すると行数のみ、「-w」オプションで単語数のみ、「-c」

オプションでバイト数のみを出力します。ファイルを指定しなければ標準入力から読み込んだテキストを対象とします。行数のみを出力する実行例を、次に示します。

```
$ wc -l < /usr/share/doc/bash/README ⏎
36
```

また、バイト数ではなく文字数を確認するには、「-m」オプションを使います。次のように「あいうえお」の5文字と改行コードの文字数を確認すると「6」になります[*10]。

```
$ echo あいうえお | wc -m ⏎
6
```

....

*10 「-m」オプションを付けない場合、(UTF-8では)「あ」〜「お」はそれぞれ3バイトなので、改行を入れて16文字という結果が得られます。

7-3 バイナリーファイルの閲覧

ここでは、バイナリーファイルの中身を確認する方法を紹介します。

7-3-1 バイナリーファイルの閲覧

バイナリーファイルを人が読めるように出力するコマンドが、「hexdump」と「od」です。どちらもファイルの中身のバイト列を、16進数や8進数などで出力します。オプションが多数あるため、よく使うものを実行例と合わせて紹介します。

hexdumpコマンドの場合、「-C」オプションで1バイトずつ16進数で値を出力しながら、文字で表せるものは文字でも出力します。「/usr/share/pixmaps/fedora-logo.png」というPNG形式の画像ファイルを引数に指定して実行した結果を、次に示します。

```
$ hexdump -C /usr/share/pixmaps/fedora-logo.png ⏎
00000000  89 50 4e 47 0d 0a 1a 0a  00 00 00 0d 49 48 44 52  |.PNG........IHDR|
00000010  00 00 01 13 00 00 00 58  08 06 00 00 00 d6 41 13  |.......X......A.|
00000020  a3 00 00 00 06 62 4b 47  44 00 ff 00 ff 00 ff a0  |.....bKGD.......|
00000030  bd a7 93 00 00 00 09 70  48 59 73 00 00 0d d7 00  |.......pHYs.....|
00000040  00 0d d7 01 42 28 9b 78  00 00 07 74 49 4d 45  |....B(.x...tIME|
00000050  07 e3 01 1c 14 23 2a 05  96 b7 00 00 00 13 09 49  |.....#*........I|
00000060  44 41 54 78 da ed 9d 7b  98 14 d5 95 c0 7f 3d 30  |DATx...{......=0|
00000070  0e 6f 64 86 87 48 10 c4  75 24 a0 22 48 24 2a 8a  |.od..H..u$."H$*.|
00000080  46 82 51 d7 d7 22 3e 12  8d ba d9 a0 62 8c 46 d7  |F.Q..">....b.F.|
00000090  98 8d 2f a2 49 3e f1 13  82 26 c4 55 23 6e e2 63  |../.I>...&.U#n.c|
(略)
```

アドレス（位置）　　　　　　値（16進数）　　　　　　　　　　　文字

odコマンドの場合、「-t」オプションで出力のフォーマットを指定します。16進数なら「x」、10進数なら「u」、8進数なら「o」を指定し、その後にまとめて出力するバイト数を指定します。例えば、1バイトごとに16進数で出力す

るには、次のように実行します[11]。

```
$ od -t x1 /usr/share/pixmaps/fedora-logo.png ⏎
0000000 89 50 4e 47 0d 0a 1a 0a 00 00 00 0d 49 48 44 52
0000020 00 00 01 13 00 00 00 58 08 06 00 00 00 d6 41 13
0000040 a3 00 00 00 06 62 4b 47 44 00 ff 00 ff 00 ff a0
0000060 bd a7 93 00 00 00 09 70 48 59 73 00 00 0d d7 00
0000100 00 0d d7 01 42 28 9b 78 00 00 00 07 74 49 4d 45
(略)
```

　バイナリーファイルの中にも、テキストが含まれていることがあります。
「strings」コマンドは、バイナリーファイルの中にあるテキストを抜き出して出
力してくれるコマンドです。例えば、オンラインマニュアルもヘルプもないバ
イナリーファイルがあったとき、テキストを抜き出すことで何か手がかりを得
ることができるかもしれません。そのファイルが「/lib64/xorg/modules/input/
wacom_drv.so」だったときの実行例を次に示します。

```
$ strings /lib64/xorg/modules/input/wacom_drv.so ⏎
(略)
        This indicates a worn out pen, it is time to change your tool. Als
o see:
        https://github.com/linuxwacom/xf86-input-wacom/wiki/Pen-Wear.
(略)
```

　この実行例では運よく「GitHub」の Wiki のページの URL が見つかりました。
アクセスすると、このファイルの使い方やソースコードなどの情報が記載され
ています。手がかりとしてはまずまずと言えます。

7-3-2　バイナリーファイルの確認

　バイナリーファイルの中身を自分で確認しなくても、「file」コマンドでファ
イルフォーマットを知ることができます。確認したいファイルを引数に指定し

---

[11]　アドレスが 8 進数で出力されています。16 進数で出力するには、「-A」オプションと「x」
を引数に追加してください。

て実行します。次の実行例では、「/usr/share/pixmaps/fedora-logo.png」のファイルフォーマットを確認しています。

```
$ file /usr/share/pixmaps/fedora-logo.png ⏎
/usr/share/pixmaps/fedora-logo.png: PNG image data, 275 x 88, 8-bit/color
 RGBA, non-interlaced
```

　拡張子から PNG であることは予想できますが、file コマンドでは、それだけでなく、画像のサイズや色、インターレース[*12] の有無まで確認してくれます。ただし、確認できる情報はファイルフォーマットによって異なります[*13]。

　2個のファイルの中身が同じかどうかを確認するには、「cmp」コマンドを使います。2個のファイルを引数に指定して実行します。入手元が異なる同名のファイルがあり、内容が同じかどうかを確認したいときなどに使います。例えば、「ダウンロード/rhel-8.3-x86_64-boot.iso」と「バックアップ/2021/rhel-8.3-x86_64-boot.iso」の中身が同じかどうかを確認するには、次のように実行します。

```
$ cmp ダウンロード/rhel-8.3-x86_64-boot.iso バックアップ/2021/rhel-8.3-x86_64-
boot.iso ⏎
```

　中身が一致する場合は何も出力されず、終了ステータスが「0」で正常終了します。一致しない場合は、その旨や位置を標準出力に出力します。次に、明らかに一致しないことが分かっている2個のファイル「/usr/bin/ls」と「/usr/bin/cat」を確認した実行結果を示します。

```
$ cmp /usr/bin/ls /usr/bin/cat ⏎
/usr/bin/ls /usr/bin/cat 異なります：バイト 25、行 1
```

＊12　「インターレース」が有効な画像だと、ファイル全体を読み込んでいなくても、画像全体を粗く表示することができます。
＊13　「/usr/share/misc/magic」または「/usr/share/misc/magic.mgc」の情報を基にして、ファイルの情報を確認します。

なお、比較するのがテキストファイルで、その違いを明確に知りたいときは、「diff」コマンドのほうが便利です[*14]。例えば、「/usr/share/doc/libasyncns/LICENSE」と「/usr/share/doc/libdaemon/LICENSE」を比較するには、次のように実行します。

```
$ diff /usr/share/doc/libasyncns/LICENSE /usr/share/doc/libdaemon/LICENSE ⏎
6c6
<      59 Temple Place, Suite 330, Boston, MA  02111-1307  USA
---
>      51 Franklin St, Fifth Floor, Boston, MA  02110-1301  USA
493c493
<    Foundation, Inc., 59 Temple Place, Suite 330, Boston, MA 02111-1307
USA
---
>    Foundation, Inc., 51 Franklin St, Fifth Floor, Boston, MA  02110-130
1  USA
```

　出力結果から、6行目と493行目が異なる（それ以外は一致する）ことが分かります。

　比較するファイルがたくさんあるときは、「md5sum」コマンドや「sha256sum」コマンドで「メッセージダイジェスト」を求め、その値を比較すると効率的です。メッセージダイジェストは、ファイルの中身から計算した一定の長さの値です。ファイルの中身が同じならメッセージダイジェストも同じ値になりますが、少しでも異なるとまったく違う値になる、という性質を持っています。このため、メッセージダイジェストを比較することで、ファイルの中身が一致するのかどうかを確認できます[*15]。

　メッセージダイジェストを出力するには、ファイルを指定してmd5sumコマンドやsha256sumコマンドを実行します。例えば「ダウンロード/rhel-8.3-x86_64-boot.iso」のメッセージダイジェストを出力するには、次のように実行します。

[*14]　3つのテキストファイルの違いを確認する「diff3」というコマンドもあります。
[*15]　ファイルの中身が違うのにメッセージダイジェストが同じ、という可能性はゼロではありませんが、限りなく低いためその可能性は無視しても問題ありません。

■「md5sum」コマンドの実行例
$ md5sum ダウンロード/rhel-8.3-x86_64-boot.iso 🔲
3120a7358d8b15002bb3140cdc70406b ダウンロード/rhel-8.3-x86_64-boot.iso
■「sha256sum」コマンドの実行例
$ sha256sum ダウンロード/rhel-8.3-x86_64-boot.iso 🔲
1b73ebfebd1f9424c806032168873b067259d8b29f4e9d39ae0e4009cce49b93 ダウンロー
ド/rhel-8.3-x86_64-boot.iso

　md5sum と sha256sum とでは、使っているアルゴリズム（計算方法）が異
なるため結果も異なります。比較するときは、同じアルゴリズム（同じコマン
ド）で出力したメッセージダイジェストを用いる必要があります。なお、ダウ
ンロードした ISO イメージファイルのメッセージダイジェストが公開されてい
る場合、ISO イメージが正しくダウンロードできたかどうかを、md5sum コマ
ンドや sha256sum コマンドで確認できます。

第 7 章の復習

◆ファイルには、フォーマットの違いで「テキスト」と「バイナリー」の2
種類があります。テキストファイルの中身は標準出力に出力して読むこ
とができますが、バイナリーファイルの中身を標準出力に出力すると文
字化けしてしまいます。バイナリーファイルの中身を確認するには、専
用のアプリケーションやコマンドを使います。

◆テキストファイルを閲覧する主なコマンドは「cat」「head」「tail」「less」
などです。ほかにも、行や文字の並びを逆順に出力する「tac」「rev」
「sort」、重複した行を取り除く「uniq」、文字を置換・削除する「tr」な
どのコマンドが利用できます。

◆バイナリーファイルを閲覧するには、16進数や8進数に置き換えます。
このためのコマンドとして「hexdump」や「od」があります。

◆バイナリーファイルの中身を確認するには、ファイルフォーマットを表
示する「file」、二つのファイルの中身を比較する「cmp」、メッセージダ
イジェストを出力する「md5sum」「sha256sum」などのコマンドを
活用します。

指定した文字を含む
ファイルを高精度に
見つけよう

　Linux では、テキスト形式で情報をやりとりすることが多くあります。コマンドの多くも、入出力にテキストを使います。そのため、テキストの中から有用な情報を抜き出したり、扱いやすくするために整形したりするコマンドや技術が、昔から多くあります。けれども、あるコマンドの出力が、加工せずにそのまま別のコマンドの入力になるとは限りません。別のコマンドで扱えるようにするため、必要なテキストだけを抜き出したり、形式を合わせたりする作業が、少なからず必要となります。

　「正規表現」は、ある決まったパターンの文字列を、一つの形式で表す方法です。Linux をはじめとする Unix 系の OS では、プログラミング言語やコマンドに正規表現を取り入れることで、テキストを効率よく扱えるようにしています。正規表現を理解して扱えるようになると、テキストの複雑な検索や整形ができるようになります。コマンドに処理してもらうため、正規表現を使ってテキストの形式を変えるなどの処理も、簡単に行えるようになります。

　そこで第 8 章では、正規表現の概要と基本的な書き方、正規表現に対応したコマンドの使い方を紹介します。

8-1 正規表現

まずは、「正規表現」の基本を説明します。

8-1-1　正規表現とは

この章の冒頭でも説明しましたが、「正規表現」とは、ある決まったパターンの文字列を、一つの形式で表す方法です。元々は学術的な目的で生み出されたものですが、現在では検索の手段として使われることが多くなっています（**図1**）。

図1 「正規表現」を検索に応用すると、同じパターンのものを見つけ出せる

IEEE の規格である「POSIX（Portable Operating System Interface）」で規定されている正規表現のほかに、「PCRE（Perl Compatible Regular Expressions）」などの拡張された正規表現もあります[*1]。本書では、多くのコマンドで採用されている POSIX の正規表現を取り上げます。

正規表現が威力を発揮するのは、テキストから必要な情報を抜き出す検索を

[*1]　「PCRE」は、「Perl」というプログラミング言語で使われている正規表現と互換性があります。

行いたいときです。「Evey Hammond」のような固有名詞を検索したいときには、正規表現に頼らなくても、その固有名詞の文字列で検索すれば済みます。けれども、あるパターンに沿った文字列を検索するときは、正規表現を使うと便利です。

例えば、システムログから自身のIPアドレスの情報を検索しようとした場合、8-2で詳しく解説する「grep」コマンドを使って次のように実行すれば、必要な情報を含む行を出力できます[*2]。

```
$ sudo grep NetworkManager.*ip_address /var/log/messages ⏎
(略)
May 24 05:20:45 localhost NetworkManager[949]: <info>  [1621801245.4003] d
hcp4 (enp0s3): option ip_address        => '192.168.1.147'
May 24 05:35:43 localhost NetworkManager[949]: <info>  [1621802143.5459] d
hcp4 (enp0s3): option ip_address        => '192.168.1.147'
May 24 06:04:31 localhost NetworkManager[949]: <info>  [1621803871.1478] d
hcp4 (enp0s3): option ip_address        => '10.0.2.15'
(略)
```

この実行例では行全体を出力していますが、行全体ではなく、行の中にある時刻とIPアドレスだけを知りたい場合は、こちらも8-3で詳しく解説する「awk」コマンドを使い、次のように実行します。

```
$ sudo awk '/NetworkManager.*ip_address/ { print $1, $2, $3, $13 }' /var/l
og/messages ⏎
(略)
May 24 05:20:45 '192.168.1.147'
May 24 05:35:43 '192.168.1.147'
May 24 06:04:31 '10.0.2.15'
(略)
```

先ほどのgrepコマンドの実行結果と比較すると、必要な情報だけを抜き出していることがわかります。

[*2] システムログの多くは管理者権限がないとアクセスできないため、「sudo」コマンドを介して実行しています。

8-1-2　正規表現の基本

　POSIX の正規表現には、「単純正規表現（Simple Regular Expression、以下 SRE と表記）」「標準正規表現（Basic Regular Expression、以下 BRE と表記）」「拡張正規表現（Extended Regular Expression、以下 ERE と表記）」の 3 種類があります。このうち主に使われるのは、BRE と ERE の二つです。主な正規表現の記述方法を**表 1** に示します。

記述方法		意味
BRE	**ERE**	
.	.	任意の 1 文字
[...]	[...]	かっこ内のいずれか 1 文字
[^...]	[^...]	かっこ内のいずれでもない 1 文字
^	^	行の先頭
$	$	行の末尾
*	*	直前の正規表現の 0 回以上の繰り返し
（未対応）	+	直前の正規表現の 1 回以上の繰り返し
（未対応）	?	直前の正規表現の 0 〜 1 回の繰り返し
\{n\}	{n}	直前の正規表現の「n」回の繰り返し
\{n\}	{n}	直前の正規表現の「n」回以上の繰り返し
\{n\}	{n}	直前の正規表現の「n」回以下の繰り返し
\{mn\}	{mn}	直前の正規表現の「m 〜 n」回の繰り返し
\(...\)	(...)	グループ化
（未対応）	|	前の正規表現もしくは後の正規表現

表 1　主な正規表現の記述方法と意味

第8章

　注意すべき点は、ERE が必ずしも BRE の上位互換になっているわけではないということです。ERE でも、BRE の正規表現が使えますが、**表 1** に示す通り、記述方法が少し異なるものもあります。もしコマンドが思ったように機能しないときは、そのコマンドがどの正規表現に対応していて、その正規表現に合った記述をしているかどうかを、確認してみてください。

　まず、**表 1** に示した正規表現で使われる文字以外の、アルファベットや数字などを指定した場合は、文字そのものの意味として解釈されます。例えば、正規表現で大文字の「ABC」と記述した場合、「A」にも「B」にも「C」にも特別

な意味はないため、これにマッチする文字列は「ABC」だけです*3。

「.」は、任意の1文字にマッチします。例えば、正規表現の「AB.」は、最初の2文字が大文字の「AB」で、残りの1文字が任意（何でもよい）の3文字の文字列とマッチします。「ABC」はもちろん、「ABa」や「AB0」「AB@」などもマッチします。

角かっこの「[」と「]」で囲むと、囲まれた文字のいずれか1文字とマッチします。例えば、正規表現の「[Aa]bc」は、「Abc」または「abc」とマッチします。また「-」を使って範囲指定できます。例えば正規表現の「[a-z][a-z]」*4 は、「ab」や「yz」など、小文字のアルファベット2文字の文字列とマッチします。

「[」と「]」で囲んだ文字の最初が「^」の場合は、囲んだ文字の2文字目以降（「^」より後）のどれでもない1文字とマッチします。例えば、正規表現の「a[^0-9]c」は、1文字目が小文字の「a」、2文字目が数字以外、3文字目が小文字の「c」の3文字の文字列とマッチします。つまり、「abc」とはマッチしますが、「a2c」とはマッチしません。

「*」は、直前の正規表現の0回以上の繰り返しにマッチします。例えば、正規表現の「a*」は、「a」や「aaaaaaa」など、0文字以上の「a」の文字列とマッチします。「ab*c」は、「ac」や「abc」「abbbbbc」など、先頭が小文字の「a」、末尾が小文字の「c」で、その間に「b」が0文字以上連続する文字列とマッチします。またEREでは、「+」は直前の正規表現の1回以上の繰り返し、「?」は直前の正規表現の0〜1回の繰り返しとマッチします。

波かっこの「{」と「}」を使うと、正規表現の繰り返し回数を限定できます。BREの「a[0-9]\{2\}c」、EREの「a[0-9]{2}c」は、「a00c」や「a99c」など、先頭が小文字の「a」、末尾が小文字の「c」で、間に2文字の数字のある文字列とマッチします。

EREで「|」を使うと、その前と後の正規表現のいずれかとマッチします。例えば、「AND|OR」は、「AND」または「OR」のいずれかとマッチします。「N(AND|OR)」は、「NAND」または「NOR」とマッチします。

使用例を示しているときりがないため、このくらいにしておきます。ほかの正規表現の使用例は、後述するコマンドの説明の中で、いくつか示すようにし

＊3　つまり、固有名詞を表現していることになります。
＊4　つまり、「a-z」は、「a 〜 z」という意味です。

ます。

8-1-3　シェルのパス名展開とクォーテーション

　正規表現とは直接関係ありませんが、記述が似ているため、シェルの「パス名展開」について説明しておきます。パス名展開は、コマンドの引数となるファイル名に「*」、「?」または「[」が含まれるとき、その部分をパターンとみなして、パターンにマッチするファイル名に置き換えるシェルの機能です。パターンとそれぞれの意味を**表2**に示します。

パターン	意味
*	任意の0文字以上の文字列
?	任意の1文字
[...]	かっこ内に指定された文字の任意の1文字

表2　シェルのパス名展開で使えるパターンと意味

　例えば、「/var/log」ディレクトリーにある拡張子が「log」のファイルを「ls」コマンドで確認するには、次のように実行します[*5]。

```
$ ls /var/log/*.log ⏎
/var/log/Xorg.0.log   /var/log/boot.log        /var/log/dnf.rpm.log
/var/log/Xorg.1.log   /var/log/dnf.librepo.log /var/log/hawkey.log
/var/log/Xorg.9.log   /var/log/dnf.log
```

　表2の文字を、パターンではなくそのままの文字として扱ってほしいときは、「クォーテーション」を行います。クォーテーションには「エスケープ文字」「シングルクォート」「ダブルクォート」の3種類あります。エスケープ文字はバックスラッシュ「\」で、直後の1文字をそのままの文字として扱います。例えば、「*」という名前のディレクトリーを作成するには、次のように実行します[*6]。

＊5　「echo /var/log/*.log」でも確認できます。ただし見づらいです。
＊6　rmdirコマンドやrm -rで削除するとき、クォーテーションを忘れないよう注意しましょう(そもそも「*」を含むファイルやディレクトリーを作らないようにしましょう)。

```
$ mkdir \* ⏎
```

シングルクォートとダブルクォートはそれぞれ「'」と「"」で、これに囲まれた文字列をそのままの文字として扱います。例えば「[a-z]*」というディレクトリーを作成するには、次のように実行します。

```
$ mkdir "[a-z]*" ⏎
```

なお、クォーテーションでは**表2**の文字だけでなく、クォーテーション自身（「\」と「'」と「"」のことです）やスペース、パイプライン、リダイレクトなどで使う特別な文字も対象とします。ただし、ダブルクォートでは「$」「'」「\」の三つは対象としません[*7]。このため、「\」をそのままの文字として扱うには、次のように「\」を「\」自身でクォーテーションするか、シングルクォートでクォーテーションする必要があります。

```
■「\」でクォーテーション
$ echo \\ ⏎
\
■「'」でクォーテーション
$ echo '\' ⏎
\
```

---

* 7　ダブルクォート自身も、ダブルクォートによる囲みの終わりという特別な意味を持つため、そのままの文字として扱われません。「\」でクォーテーションしてください。

それでは、正規表現を使ったテキストの検索と置換を行うコマンドと、その使い方を紹介します。検索には「grep」、置換や集計などには「sed」と「awk」、複数のファイルを対象とするには「find」コマンドを使います（**図2**）。

図2 正規表現を使ってテキストの検索と置換を行うコマンド

8-2-1 「grep」コマンドによるテキストの検索

「grep」コマンドは、テキストファイルの中から指定したパターンにマッチする行を出力します。パターンは BRE で指定します。例えば、「/etc/passwd」ファイルの中の「usu」を含む行を出力するには、次のように実行します。

```
$ grep usu /etc/passwd 
usu:x:1000:1000:Hisashi USUDA:/home/usu:/bin/bash
```

「/etc/passwd」ファイルには、ユーザーの情報が「:」で区切られて格納されています。3番目にはユーザーIDが格納されていますが、ユーザーIDが「65534」の行を出力するには、次のように実行します。

```
$ grep '^\([^:]*:\)\{2\}65534:' /etc/passwd 
```

```
nobody:x:65534:65534:Kernel Overflow User:/:/sbin/nologin
```

　先頭（「^」）から「:」以外の文字が 0 文字以上（「[^:]*」）と「:」が二つずつ（「\
{2\}」）続いた後、「65534:」があればマッチします（**図1**）。

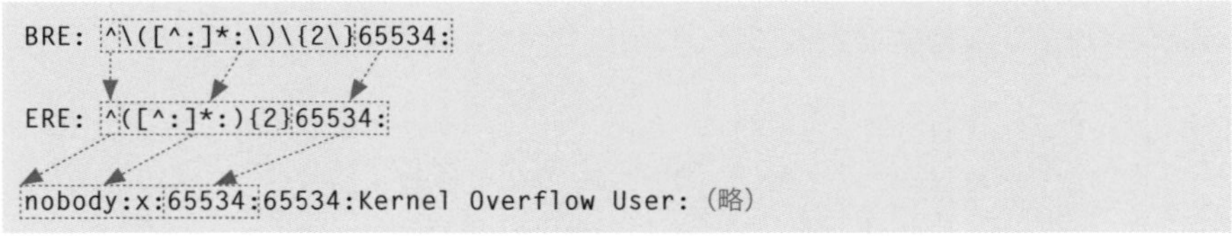

**図1　「grep」コマンドの正規表現（BRE と ERE）と
検索対象となるテキストとの対応**

　また、「-E」オプションを指定すると ERE、「-P」オプションを指定すると
PCRE を使って検索できるようになります。例えば、先ほどユーザー ID「65534」
の行を出力する実行例で指定した「'^\([^:]*:\)\{2\}65534:'」を ERE で表すと
「'^([^:]*:){2}65534:'」になるため、次のように実行しても同じ結果を得られます。

```
$ grep -E '^([^:]*:){2}65534:' /etc/passwd ⏎
nobody:x:65534:65534:Kernel Overflow User:/:/sbin/nologin
```

　ほかにも、「-H」オプションでマッチしたファイル名の出力、「-i」オプショ
ンで大文字と小文字の区別をせずに検索、「-v」オプションでマッチしなかった
行の出力などのオプションがあります。例えば、上記の実行例で「-H」オプショ
ンを付加すると、次のように先頭にファイル名が出力されます。

```
$ grep -EH '^([^:]*:){2}65534:' /etc/passwd ⏎
/etc/passwd:nobody:x:65534:65534:Kernel Overflow User:/:/sbin/nologin
```

　また、「/etc/passwd」ファイルの中で「nologin」を含まない行を出力するに
は、次のように「-v」オプションを付けて実行します。

```
$ grep -v nologin /etc/passwd ⏎
```

```
root:x:0:0:root:/root:/bin/bash
sync:x:5:0:sync:/sbin:/bin/sync
shutdown:x:6:0:shutdown:/sbin:/sbin/shutdown
halt:x:7:0:halt:/sbin:/sbin/halt
usu:x:1000:1000:Hisashi USUDA:/home/usu:/bin/bash
```

8-2-2 「sed」コマンドによるテキストの置換・変換

Linux には、パターンにマッチする文字列を置換して扱いやすい（あるいは見やすい）形式に変換するためのコマンドがいくつかあります。これらのコマンドを使うとき、正規表現でパターンを示すことで、柔軟に置換することができきます。以降では、「sed」コマンドと「awk」コマンドの概要と使い方を説明します。どちらもスクリプトやプログラムで複雑な処理を行うことができますが、すべてを説明することは紙面の都合上難しいため、よく使う例をいくつか紹介します[8]。

「sed」コマンドは、テキストファイルまたは標準入力からテキストを読み込み、指定したスクリプトに従って置換などの処理をします。sed という名前は「Stream EDitor」から来ています。第 6 章で説明したテキストエディタでは、人間が操作してテキストファイルを作成・編集しました。sed の場合は、あらかじめ操作内容をスクリプトで指定しておき、そのスクリプトに従ってテキストファイルを編集します。つまり、対話形式でないテキストエディタと言えます。

sed コマンドのスクリプトは、対象となる行を指定する「アドレス部」と、操作を示す「コマンド部」で次のように構成されます[9]。

アドレス部!コマンド部

アドレス部の記述方法を**表 3** に示します。

***

＊8　「sed」と「awk」について書かれた本は、それぞれ世の中に多く存在します。
＊9　「sed」のドキュメントにはそれぞれ「address」「command」と記載されていますが、本書ではわかりやすさを優先して「アドレス部」「コマンド部」と記載しています。

アドレス部の記述方法	意味
行番号	指定した行
$	最後の行（終了行番号にも指定可能）
開始行番号,終了行番号	開始行～終了行
開始行番号~ステップ	開始行からのステップごとの行
/正規表現のパターン/	正規表現のパターンにマッチした行

表3 「sed」コマンドのスクリプトの「アドレス部」の記述方法と意味

なお、アドレス部は省略可能で、省略するとすべての行に対してコマンド部を実行します。また、アドレス部の最後に「!」を付けると、指定した以外の行に対して実行します。「コマンド部」の記述方法を**表4**に示します。

コマンド部の記述方法	意味
q	対象の行に到達したら終了
d	対象の行を削除
p	対象の行を表示
iテキスト	「テキスト」を対象の行の前に挿入
aテキスト	「テキスト」を対象の行の後に挿入
cテキスト	対象の行を「テキスト」に置換
s/正規表現のパターン/置換/フラグ	「正規表現のパターン」にマッチした箇所を「置換」に置換

表4 「sed」コマンドのスクリプトの「コマンド部」の記述方法と意味

例えば、先頭の4行を出力するには、次のように実行します。

```
$ sed 4q /etc/passwd ⏎
root:x:0:0:root:/root:/bin/bash
bin:x:1:1:bin:/bin:/sbin/nologin
daemon:x:2:2:daemon:/sbin:/sbin/nologin
adm:x:3:4:adm:/var/adm:/sbin/nologin
```

スクリプトに「4q」を指定していますが、これはアドレス部が「4」、コマンド部が「q」であり、「4行目で終了する」という意味です。sedコマンドは、デフォルトではいずれの行も出力します。このため、「4q」は「1～4行を出力して終了する」という意味になります。「-n」オプションを指定すると、デフォルトで出力されなくなります。先ほどと同様に、「-n」オプションを指定して先頭の4

行を出力するには、次のように実行します。

```
$ sed -n 1,4p /etc/passwd ⏎
```

「1,4p」は、アドレス部で「1 〜 4 行」を指定して、コマンド部で「出力する」
という指示を行っています。このため 1 〜 4 行が出力されます。

「5,\$d」と指定して実行すると、5 行目から最後の行までを削除するため、
やはり先頭から 4 行目までが出力されます[* 10]。

```
$ sed 5,\$d /etc/passwd ⏎
```

sed コマンドで最も使われるコマンドは、正規表現（デフォルトは BRE [* 11]）
による文字列の置換だと思います。4-1 で紹介した「tr」コマンドは 1 文字単
位の置換でしたが、sed コマンドでは正規表現を使って柔軟に文字列を置換で
きます。ここでは文字列を置換する「s」コマンドの実行例をいくつか示します。
単純に、「/etc/passwd」ファイルにある「usu」を「usuda」に置換するには、
スクリプトに「s/usu/usuda/」を指定して実行します。

```
$ sed s/usu/usuda/ /etc/passwd ⏎
(略)
usuda:x:1000:1000:Hisashi USUDA:/home/usu:/bin/bash
```

先頭の「usu」が「usuda」に置換されました。ただ、デフォルトでは最初にマッ
チした文字列のみ置換するため、後ろのホームディレクトリーの「usu」がその
ままです。すべてを置換するには、フラグに「g」を指定します。

```
$ sed s/usu/usuda/g /etc/passwd ⏎
(略)
usuda:x:1000:1000:Hisashi USUDA:/home/usuda:/bin/bash
```

* 10 「$」には特別な意味があるため、前に「\」を付けてクォーテーションしています。詳しく
は 8-1 を参照してください。
* 11 「BRE」とは一部異なります。詳しくはオンラインマニュアル（「man sed ⏎」を実行）を
参照してください。

ほかにもいくつかのフラグがあります。s コマンドで指定できる「フラグ」を
表5に示します。

フラグ	意味
g	すべてを置換
p	置換した結果を表示
i	大文字と小文字を区別しない
番号	指定した順番でマッチしたものを置換

表5 「sed」コマンドのスクリプトの「s」コマンドで指定できる主なフラグと意味

「p」フラグは、マッチした行のみを出力したいとき、「-n」オプションと共に
使います。例えば、先ほどの実行例で「-n」オプションと「p」フラグを追加で
指定すると、「usu」を含む行だけを出力できます。

```
$ sed -n s/usu/usuda/gp /etc/passwd ⏎
usuda:x:1000:1000:Hisashi USUDA:/home/usuda:/bin/bash
```

「ps」コマンドの出力結果を「,」で区切るには、次のように実行します。こ
こで指定している「-E」オプションは、ERE が使えるようにするオプションです。

```
$ ps -o pid,cmd | sed -E 's/^ *([^ ]+) +(.*)$/\1,"\2"/' ⏎
PID,"CMD"
98869,"-bash"
125186,"ps -o pid,cmd"
125187,"sed -E s/^ *([^ ]+) +(.*)$/\1,"\2"/"
```

ここでは、正規表現のパターンでグループ化した部分を、置換する文字列の
中の「\数字」で参照しています（**図2**）。

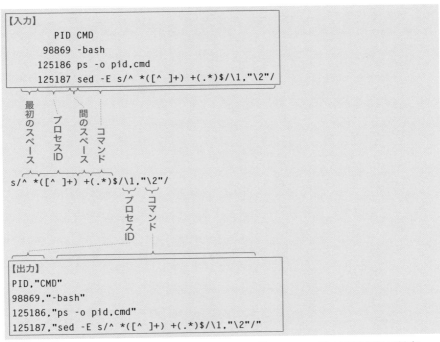

図2 「sed」コマンドに入力したテキストと「s」コマンドの正規表現の対応、
置換後の出力テキスト

　行の先頭にある最初のスペース（「^*」）の後に来るスペース以外の文字列で
あるプロセスID（「[^]+」）を丸かっこで囲んでグループ化しています。そし
て、間のスペース（「 +」）の後から末尾までのコマンド名（「.*」）も同じく丸
かっこで囲んでグループ化しています。これらをそれぞれ、置換の文字列で「\1」
と「\2」で参照しています。

　同様の実行例をもう一つ示します。ユーザーのアカウント情報を格納した「/
etc/passwd」ファイルから必要な情報だけを抜き出してみましょう。同ファイ
ルは、各行にアカウント情報が記述してあり、1件のアカウント情報には7個
の情報が「:」で区切って記述されています。この7個の情報のうち1個目の「ユー
ザー名」と5個目の「コメント（GECOS）」を抜き出し、「|」でつないで出力
してみます。次のように実行します[*12]。

＊12　「Markdown」形式でテーブルを表すときに使います。ヘッダーは出力していないため、手
動で追加してください。

```
$ sed -E 's/^([^:]+):([^:]*:){3}([^:]*):.*$/|\1|\3|/' /etc/passwd 
|root|root|
|bin|bin|
|daemon|daemon|
|adm|adm|
(略)
|rngd|Random Number Generator Daemon|
|tcpdump||
|usu|Hisashi USUDA|
```

「-e」オプションでスクリプトを指定できます。スクリプトは複数指定することも可能で、複数のスクリプトを実行できます。例えば、「/nobody/i** 下を見よ **」と「/nobody/a** 上を見よ **」の両方をスクリプトに指定するには、次のように実行します。

```
$ sed -e "/nobody/i** 下を見よ **" -e "/nobody/a** 上を見よ **" /etc/passwd 
(略)
games:x:12:100:games:/usr/games:/sbin/nologin
ftp:x:14:50:FTP User:/var/ftp:/sbin/nologin
** 下を見よ **
nobody:x:65534:65534:Kernel Overflow User:/:/sbin/nologin
** 上を見よ **
dbus:x:81:81:System message bus:/:/sbin/nologin
systemd-coredump:x:999:997:systemd Core Dumper:/:/sbin/nologin
(略)
```

「nobody」を含む行の前後に指定した文字列が挿入され、強調することができました。あるいは、「-f」オプションと、スクリプトが記載されているファイルを指定して、スクリプトを実行することもできます。この場合、新規のテキストファイルを開き、次のように 1 行に一つのスクリプトを記述します。

```
/nobody/i** 下を見よ **
/nobody/a** 上を見よ **
```

この新規テキストファイルを「highlight_nobody.sed」というファイル名で保存し、次のように「-f」オプションを付けて指定して実行します。実行結果は

先ほどの「-e」オプションを付けて実行したときと同じです。

```
$ sed -f highlight_nobody.sed /etc/passwd ⏎
```

「-i」オプションを指定すると、標準出力に出力する代わりに、入力ファイル
を直接書き換えます。次のように「/etc/passwd」ファイルをカレントディレク
トリーへコピーし、そのファイルに対して「-i」オプションを指定して sed コマ
ンドを実行すると、標準出力には出力されず、「passwd」ファイルの中身が書
き換わります。

```
$ cp /etc/passwd . ⏎
$ sed -i -f highlight_nobody.sed passwd ⏎
```

8-2-3 「awk」コマンドによるテキストの置換・変換

awk コマンドは、プログラミング言語である「AWK」で記述されたプログラ
ムを実行します[13]。AWK は、テキストファイルの処理を簡単に行うことを目
的としています。プログラムは「パターン」と「アクション」の組の羅列になっ
ていて、パターンにマッチした行に対してアクションを実行する、という処理
を行います。RHEL 8 では、GNU で開発されている「Gawk」が標準でインストー
ルされています[14]。

AWK のプログラムは、基本的には下記が一つ以上並んだ構成になります[15]。

```
パターン {
    アクション
}
```

複数行で記していますが、1 行にまとめることもできます。テキストを 1 行

---

[13] 「AWK」という名前は、開発者（Alfred Vaino Aho、Peter Jay Weinberger、Brian Wils
on Kernighan）の名前の頭文字から付けられています。
[14] 「/usr/bin/awk」の実体は「/usr/bin/gawk」です。
[15] 関数の定義や他のプログラムの読み込みを含むこともあります。

読み込むごとに、パターンにマッチするか確認し、マッチする場合にのみアクションを実行します。主なパターンを**表6**に示します。

パターンの記述方法	意味
/正規表現のパターン/	「正規表現のパターン」にマッチした行
BEGIN	開始時（入力する前）
END	終了時（すべて入力した後）
条件式	「条件式」がマッチした
パターン1&&パターン2	「パターン1」と「パターン2」の両方にマッチした行
パターン1‖パターン2	どちらかのパターンにマッチした行
!パターン	「パターン」にマッチしない行
パターン1, パターン2	「パターン1」にマッチした行から「パターン2」にマッチした行まで

表6 「AWK」の「パターン」の記述方法と意味

sed コマンドと同じく、「/パターン/」で正規表現のパターンを指定します。AWK で指定できる正規表現は ERE です。また、「BEGIN」や「END」で、入力の開始時や終了時に処理を行います。パターンを省略すると、すべての行に対してアクションを実行します。

アクションには、パターンにマッチしたときに行いたい処理を、波かっこ「{」と「}」の中に記述します。アクションに指定できるのは、変数の代入や制御文（if 文や for 文、while 文など）、「print」*16 などの命令（ステートメント）です。

awk コマンドでは、sed コマンドと同じく、プログラムと対象のテキストファイルを引数に指定して実行します。または、プログラムの代わりに、「-f」オプションとプログラムが記載されたファイルを指定することもできます。テキストファイルを省略すると、標準入力からテキストを読み込みます。

それでは、いくつか実行例を示します。「/usr/share/doc/gawk/README」というテキストファイルのうち、空行以外を出力するには、次のように実行します。

---

*16 「printf」というステートメントもあります。C 言語の同名の関数と同じように使えます。

```
$ awk '/[^ ]/ { print $0 }' /usr/share/doc/gawk/README ⏎
  Copyright (C) 2005, 2006, 2007, 2009, 2010, 2011, 2012, 2013, 2014, 2015,
  2016, 2017 Free Software Foundation, Inc.
  Copying and distribution of this file, with or without modification,
(略)
```

スペース以外の文字（「[^]」）を含む行に対して、「print $0」を実行しています。読み込んだテキストの各行（「レコード」といいます）を、「$0」で参照できます。そのため、「print $0」は読み込んだレコードをそのまま出力します。

また、AWK では、レコードをスペースで分割[*17]します。分割した文字列を「フィールド」と呼びます。フィールドは、1番目から順に「$1」「$2」…で参照できます。例えば、先ほどの awk コマンドの実行例で、最初のフィールドである「$1」を出力するには、次のように実行します。

```
$ awk '/[^ ]/ { print $1 }' /usr/share/doc/gawk/README ⏎
Copyright
2016,
Copying
(略)
```

「/etc/passwd」ファイルの4行目を出力するには、次のように実行します。

```
$ awk 'FNR == 4 { print $0 }' /etc/passwd ⏎
adm:x:3:4:adm:/var/adm:/sbin/nologin
```

「FNR」は AWK の組み込み変数の一つで、現在入力しているファイルの行数が格納されています。主な組み込み変数を**表7**に示します。

第8章

＊17　厳密には組み込み変数「FS」で指定された文字で分割します。FS については表7を参照してください。

組み込み変数	意味
ARGC	コマンドライン引数の個数
ARGV	コマンドライン引数の配列（ARGV[1] などで参照）
ENVIRON	環境変数の配列（ENVIRON["HOME"] などで参照）
FILENAME	現在入力しているファイル名
FNR	現在入力しているファイルの行数（現在のレコードの番号）
FS	フィールドを分割する文字（デフォルトはスペース）
IGNORECASE	0 以外の値に設定すると大文字と小文字を区別しない（gawk の組み込み変数）
NF	現在のレコードのフィールド数
NR	現在までに読み込んだ行数＊a
OFS	出力のフィールドを分割する文字（デフォルトはスペース）
ORS	出力のレコードを分割する文字（デフォルトは改行）
RS	レコードを分割する文字（デフォルトは改行）

＊a　テキストファイルを引数に複数指定した場合、ファイルごとの行数が FNR、合計の行数が NR に格納されます。

表 7　「AWK」の主な組み込み変数と意味

「FNR == 4」は、FNR が 4 に等しいかどうかを表す条件式です。AWK の主な演算子を**表 8** に示します。

演算子	意味
==	等しい
>=,<=	以上、以下
>,<	より大きい、より小さい
!=	等しくない
=	変数への値の代入
++,--	変数のインクリメント（1 を加算）、デクリメント（1 を減算）

表 8　「AWK」の主な演算子と意味

「FNR == 4」により、現在処理しているレコードが 4 行目のときに、レコードを出力することになります。

テキストファイルの空行（スペースしかない行または改行だけの行）をカウントするには、次に示すプログラムを使います。

```
BEGIN {
  count = 0
}
```

```
! /[^ ]/ {
  count++
}
END {
  print "空行数:", count, "/", FNR
}
```

　これを新規テキストファイルに記述し、「count_blank.awk」というファイル名で保存し、次のように実行します。

```
$ awk -f count_blank.awk /usr/share/doc/gawk/README ⏎
空行数: 30 / 108
```

　まず、ファイルを読み込む前（「BEGIN」）に、変数「count」を「0」に初期化します。入力中は空行ではない行（「[^]」）以外（「!」）である場合（つまり空行である場合）、「count」に「1」を加算します。そして、最後（「END」）に、「count」の数とトータルの行数（「FNR」）を出力します。実行結果を見ると、「108行のうち30行の空行があった」ことがわかります。
　AWKはプログラミング言語ということもあり、できることがかなり幅広いです。オンラインマニュアル（「man awk ⏎」を実行）やGawkのマニュアルページ[*18]を参考に、試しにいろいろ作ってみてください。

8-2-4　「find」によるファイルの検索

　grepやsed、awkなどのコマンドを使うと、テキストファイルの中から必要な情報を取り出したり、変換したりできます。しかし、対象のファイルが複数あり、一箇所にまとまっていない場合、一つ一つのファイルを指定してコマンドを実行するのは面倒です[*19]。また、そもそもどのファイルに含まれているのかがわからないと、指定すらままなりません。

＊18　https://www.gnu.org/software/gawk/manual/
＊19　「grep secret *.txt ⏎」のように、パス名展開を使って複数のファイルから検索することはできます。

そんなとき役に立つのが「find」コマンドです。find コマンドは、指定したディレクトリー以下にあるファイルすべてに対して、与えられた条件を満たすかどうかを確認し、満たす場合に処理を実行するコマンドです。対象のディレクトリーと、検索や処理に関するオプションを引数に指定して実行します。主なオプションを**表9**に示します。

	オプション	意味
検索のオプション	-mtime -n	ファイルの最終更新日時が「n」日未満なら真
	-mtime +n	ファイルの最終更新日時が「n」日より前なら真
	-name pattern	ファイル名が「pattern」にマッチするなら真。「pattern」はシェルのパス名展開と同じ
	-iname pattern	-name と同じだが大文字小文字の区別をしない
	-path pattern	パス名が「pattern」にマッチするなら真。「pattern」はシェルのパス名展開と同じ
	-ipath pattern	-path と同じだが大文字小文字の区別をしない
	-regex pattern	ファイル名が「pattern」にマッチするなら真。「pattern」は Emacs の正規表現（BRE に一部 ERE が追加されたもの）
	-iregex pattern	-regex と同じだが大文字小文字の区別をしない
	-type c	ファイルの種類が「c」なら真。通常のファイルは「f」、ディレクトリーは「d」など
	-user name	ファイルの所有者が「name」なら真
	-group name	ファイルの属するグループが「name」なら真
	expr1 -a expr2	「expr1」と「expr2」の両方が真なら真。「-a」は省略可能
	expr1 -o expr2	「epxr1」か「expr2」のどちらかが真なら真。「expr1」が真なら「expr2」は評価しない
	!expr	「expr」が偽なら真
処理のオプション	-print	ファイル名（パス）を一行に一つずつ出力（デフォルト）
	-print0	ファイル名（パス）をヌル文字で区切って出力（xargs コマンド用）
	-ls	「ls -l」と同等の形式で出力
	-exec command {} +	「command」を実行（「{}」はファイル名に置き換わる）
	-delete	ファイルを削除

表9　「find」コマンドの主なオプション

　ここに挙げた以外にもたくさんのオプションがありますが、とても全部は説明しきれないため、よく使うオプションに絞って簡単に説明します。詳細を知りたいときはオンラインマニュアル（「man find ⏎」と実行）を確認してください。
　ディレクトリーだけを引数に指定して実行すると、すべてのファイルやディレクトリーが対象になります。例えば、「/lib/systemd/system」と「/etc/

systemd/system」[20] を引数に指定して実行すると、「-print」オプションが指定されたとみなされ、それぞれのディレクトリー以下にあるファイルやディレクトリーを出力します。

```
$ find /lib/systemd/system /etc/systemd/system ⏎
/lib/systemd/system
/lib/systemd/system/rc-local.service
/lib/systemd/system/nftables.service
（略）
/etc/systemd/system
/etc/systemd/system/syslog.service
/etc/systemd/system/multi-user.target.wants
/etc/systemd/system/multi-user.target.wants/remote-fs.target
（略）
```

　多数のファイルやディレクトリーが見つかりますが、検索のオプションである「-type」を使うと、出力結果を絞り込むことができます。例えば、通常のファイルだけを出力するには、次のように「-type f」を引数に追加して実行します。

```
$ find /lib/systemd/system /etc/systemd/system -type f ⏎
/lib/systemd/system/rc-local.service
/lib/systemd/system/nftables.service
/lib/systemd/system/reboot.target
/lib/systemd/system/ebtables.service
（略）
```

　さらに出力結果を絞り込みたいときは、処理のオプションである「-exec」を組み合わせます。例えば「sshd.service」という文字列を含むファイルやディレクトリー[21] に絞り込みたいときは、「-exec grep 'sshd\.service'」を引数に追加します[22]。

＊20　サービスの起動やシステムの管理を行う「systemd」の設定ファイルが格納されたディレクトリーです。サービスの確認手順については 10-2 で説明しています。
＊21　つまり、SSH サーバーである「sshd」のサービスに関係のある設定ファイルを調べています。
＊22　条件を満たすファイルが複数の場合、まとめて引数に指定してコマンドを実行します。ファイル毎にコマンドを実行するには、末尾の「+」を「\;」（\ はクォーテーション）にします。

```
$ find /lib/systemd/system /etc/systemd/system -type f -exec grep 'sshd\.s
ervice' {} + ⏎
/lib/systemd/system/sshd.socket:Conflicts=sshd.service
/lib/systemd/system/anaconda-direct.service:After=instperf.service rsyslog
.service systemd-udev-settle.service NetworkManager.service anaconda-sshd.
service
/lib/systemd/system/anaconda.target:Wants=anaconda-sshd.service
/lib/systemd/system/sshd-keygen.target:PartOf=sshd.service
```

　検索や処理のオプションは複数指定できます。例えば、「/var/log」以下にある通常のファイルで、1日未満の間に更新されているファイルに対して、詳細情報と行数を確認するには次のように実行します。

```
$ sudo find /var/log -type f -mtime -1 -ls -exec wc -l {} + ⏎
 34058847      44 -rw-rw-r--   1  root      utmp       292876  6月  9 09:24
/var/log/lastlog
 33554562      48 -rw-rw-r--   1  root      utmp        48384  6月  9 09:24
/var/log/wtmp
 34339079    3432 -rw-------   1  root      root      3509295  6月 10 05:36
/var/log/messages
(略)
       1 /var/log/lastlog
      43 /var/log/wtmp
   32309 /var/log/messages
(略)
```

　「-type f」と「-mtime -1」の両方の条件が成り立つ（真である）必要がありますが、「-a」オプションは省略可能なため、ここでは省略しています。また、処理のオプションは大半が真となるため[*23]、これらも「-a」を省略しています。

[*23]　「-delete」は削除に成功した場合、「-exec command {} \;」はコマンドの終了ステータスが「0」の場合に真となります。「-delete」と「-exec command {} ¥;」以外の**表2**のオプションは常に真です。

第8章の復習

◆「正規表現」とは、文字列をパターンで表記する手法のことです。例えば「[a-z]」と表記すると「小文字のアルファベットのいずれか1文字」を意味します。

◆正規表現の表記には「SRE」「BRE」「ERE」と 3種類があります。主に使われるのは「BRE」と「ERE」の二つです。記述が似ているシェルの「パス名展開」と混同しないように注意しましょう。

◆正規表現は、主に検索コマンド「grep」や置換コマンド「sed」「awk」などで頻繁に使います。

◆「grep」は、指定したパターンにマッチする行を出力するコマンドです。パターンの指定に正規表現を活用します。

◆「sed」は、指定したスクリプトに従って必要な情報だけを出力したり、文字列を置換したりするコマンドです。スクリプトは「アドレス部」と「コマンド部」で構成されます。正規表現は、アドレス部を指定するときや、コマンド部で条件を指定するときに活用します。

◆「awk」は、プログラミング言語「AWK」で記述されたプログラムを実行するコマンドです。プログラムは「パターン」と「アクション」で構成されます。主にパターンの指定に正規表現を活用します。

◆「find」は、ディレクトリー以下すべてのファイルに対して処理を実行するためのコマンドです。「grep」や「sed」などのコマンドと組み合わせて、複数のファイルに検索や置換などの処理を行います。

第8章

第 **9** 章

コマンドラインを
効率よく
使いやすくしよう

　bash には、コマンドラインを効率よく便利に使うための操作や機能がたく
さんあります。オンラインマニュアル（「man bash ⏎」を実行）を見るだけで
も、展開や置換、リダイレクト、パイプライン、エイリアス、関数、履歴、補
完、内部コマンドなど、本書ですべてを説明しきれないほどです。それらをそ
のまま利用するだけでも十分便利ですが、自分の好みにカスタマイズもできま
す。カスタマイズした設定は bash を終了すると消えてしまいますが、bash の
設定ファイルに記述して残しておくことでいつでもカスタマイズした状態で使
えるようになります。

　第 9 章では、コマンドラインを便利に使うための操作方法とカスタマイズの
方法、それらを設定ファイルに残す方法を紹介します。自分の使いやすい設定
を探して設定ファイルに残すサイクルを繰り返すことで、コマンドラインがど
んどん自分の好みになり、効率よく使いこなせるようになります[1]。

....

[1]　余談ですが、筆者が最初に勤めた会社では、顧客のサーバーで作業することを想定して、な
るべくカスタマイズしていない（デフォルトの）状態でコマンドラインを素早く操作することが求
められました。

9-1 便利な操作

まずは、コマンドラインを使いこなすための bash の便利な操作について、いくつか紹介します。

9-1-1 コマンドの履歴

bash に限らず、多くのシェルでは、コマンドの履歴を保存して利用するための機能を持っています。2-2 で少し触れましたが、カーソルキーの [↑][↓] キー（または [Ctrl] キーを押しながら [P] キーまたは [N] キー）を押してコマンドの履歴をたどり、[Enter] キーを押して過去のコマンドを実行することができます。過去のコマンドを編集してから実行することも可能です。

また、コマンドの履歴からコマンドを検索することもできます。[Ctrl] キーを押しながら [R] キーを押す（以下 [Ctrl + R] キーと表記）と、コマンドプロンプトが次のように変わります。

```
(reverse-i-search)`':
```

ここで、例えば「grep」と入力すると、コマンドプロンプトにその文字が表示され、コマンドラインには直近に実行した「grep」を含むコマンドが表示されます。

```
(reverse-i-search)`grep': grep '\. ' .bash*
```
　　　　　　　　　入力した文字列　　　検索結果

さらに [Ctrl + R] キーを押すと、「grep」を含むコマンドの履歴をたどっていきます。[Enter] キーを押すと、今出力されている grep を含むコマンドを実行します。カーソルキーなどほかのキーを押すと、コマンドが表示されたまま検索を終了します。検索の利用を止めるには、[Ctrl + G] キーを押します。

今までに実行したコマンドの履歴を確認するには、内部コマンドである「history」を実行します。すると、番号と過去のコマンドが実行順に出力されま

す。実行例を次に示します。

```
$ history 	⏎
（略）
1260  less ~/.bashrc
1261  grep '\. ' .bash*
1262  man bash
1263  history
```

履歴を参照するための「イベント指示子」を使って、過去のコマンドを実行
できます。主なイベント指示子を**表1**に示します。

イベント指示子	意味
!!	直前のコマンド
!番号	指定した番号のコマンド
!-数字	指定した数字分前のコマンド
!文字列	指定した文字列から始まる直近のコマンド
!?文字列?	指定した文字列を含む直近のコマンド

表1　コマンドの履歴を参照するための主な「イベント指示子」と意味

例えば、コマンドの履歴が先ほど history コマンドを実行したときの状態だっ
たとして、「less ~/.bashrc」をもう一度実行するには、コマンドラインで次の
ように「!1260」を実行します。

```
$ !1260 	⏎
```

または「!less」や「!-4」「!?bashrc?」でも同じように実行されます。
コマンドの履歴は、bash の終了時にホームディレクトリーの「.bash_
history」へ保存されます。次に bash を実行したときには、この .bash_history
が読み込まれ、コマンドの履歴に設定されます。

9-1-2　ファイルやコマンドの自動補完

bash では、コマンドやパス、オプションなどを途中まで入力して［Tab］キー

を押すと、補完を試みてくれます。候補が一つだけならすべてを、複数ある場合は重複する部分まで自動で入力してくれます。後者の場合、さらに［Tab］キーを２回押すと、候補が表示されます。

```
$ ls /etc/prof  ←途中まで入力して [Tab] キーを 1 回押す
$ ls /etc/profile ←「ile」が自動補完された。続けて [Tab] キーを 2 回押す
profile     profile.d/ ←候補が表示される。ここでは 2 件表示されている
$ ls /etc/profile ←表示された候補を参照して続きを入力する
```

また、［Alt ＋ ?］キーを押す（または［Esc］キーを押してから［?］キーを押す）と、コマンドやファイルの候補が表示されます。例えば次のように「ls」と入力してから［Alt ＋ ?］キーを押すと、「ls」で始まるコマンドが表示されます。

```
$ ls  ← [Alt ＋ ?] キーを押すと候補が一覧表示される
ls       lscpu    lsiio    lslocks  lsmd     lsns     lsscsi
lsattr   lsgpio   lsinitrd lslogins lsmem    lsof     lsusb
lsblk    lshw     lsipc    lsmcli   lsmod    lspci    lsusb.py
$ ls
```

9-1-3 ブレース展開とチルダ展開

8-1で説明したパス名展開を使うと、複数のファイルやディレクトリーを簡潔に表示できます。けれども、パス名展開だけですべてを解決できるわけではありません。bashにはほかにも展開の機能があり、それらを使えば解決できることもあります。いくつか紹介します。

例えば、「/usr/local」ディレクトリーにある「etc」「include」「lib」「lib64」「share」の直下にあるファイルを確認したいとき、「ブレース展開」を使うと簡潔に記すことができます。ブレース展開は、文字列を「,」でつなぎ、全体を波かっこ「{」と「}」で囲むと、その前後の部分と文字列をつないで展開してくれます。つまり、次のように記述して実行できます。

```
$ ls /usr/local/{etc,include,lib,lib64,share} ⏎
(略)
```

実行すると、シェルが ls コマンドを実行する前に、「/usr/local/{etc,include,lib, lib64,share}」を、「/usr/local/etc」「/usr/local/include」「/usr/local/lib」「/ usr/local/lib64」「/usr/local/share」に展開するため、それぞれが ls コマンドの引数になります。

ブレース展開は、パス名展開とは違い、ファイルが存在する必要がありません。つまり、ブレース展開を使って mkdir コマンドで複数のディレクトリーを作成できます。例えば、「/opt/foo/bin」「/opt/foo/lib」「/opt/foo/share」の三つのディレクトリーを作成するには、次のように実行します[*2]。

```
$ mkdir /opt/foo/{bin,lib,share} ⏎
（略）
```

ブレース展開に似た「シーケンス[*3]式」を使うと、整数やアルファベットを列挙できます。「{X..Y}」の形式で、「X」や「Y」には整数や文字を指定します[*4]。例えば「0」から「9」までの整数を列挙するには、次のように実行します。

```
$ echo {0..9} ⏎
0 1 2 3 4 5 6 7 8 9
```

「Z」から「A」までのアルファベットを逆順に列挙するには、次のように実行します。

```
$ echo {Z..A} ⏎
Z Y X W V U T S R Q P O N M L K J I H G F E D C B A
```

「チルダ展開」は、「~」で始まる文字列を**表2**に従って展開します。

....

[*2] 「/opt/foo」ディレクトリーが実在し、かつユーザーが書き込める権限を持っていることを前提としています。
[*3] 「シーケンス」は「連続しているもの」「ひと続きのもの」などの意味を持つ言葉です。
[*4] なお、「{X..Y..N}」の形式にすると、N ずつ増減します。例えば、「{0..10..2}」を展開すると「0 2 4 6 8 10」になります。

チルダ展開	意味
~	自身のホームディレクトリー
~ユーザー名	ユーザーのホームディレクトリー
~+	カレントディレクトリー
~-	一つ前のカレントディレクトリー

表2　「チルダ展開」される文字列と意味

　例えば「~/ドキュメント」は、ホームディレクトリーの直下にある「ドキュメント」というディレクトリー（またはファイル）です。「~rachael」は、「rachael」というユーザーのホームディレクトリーです。「~-」は、「cd」コマンドによってカレントディレクトリーを変更する前のディレクトリーです[*5]。例えば、「cd ~-」を実行すると、一つ前のカレントディレクトリーに戻ることができます。なお、「cd -」でも一つ前のカレントディレクトリーに戻ることができます。

9-1-4　コマンド置換と算術式展開

　コマンドや算術式（値を計算する式）を書いて、その結果に置き換えることもできます。コマンドの出力結果を別のコマンドの引数に渡したいときや、整数の計算をサッと行いたいときに便利です。

　「コマンド置換」を使うと、コマンドをコマンドの出力に置き換えることができます。コマンド置換を使うには、「$(」と「)」でコマンドを囲みます[*6]。例えば、「ps ux」の出力結果を、「ps-年月日時分.log」というファイル名で保存するには、次のように実行します。

```
$ ps ux > ps-$(date +%Y%m%d%H%M).log ⏎
```

　「date」コマンドを「$(」と「)」で囲んでいます。date コマンドは、時刻を出力するコマンドです。「+」で始まる文字列を引数に指定すると、出力フォーマッ

---

* 5　環境変数「OLDPWD」に設定されたディレクトリーです。環境変数については 9-2 で詳しく説明します。
* 6　「`」（バックフォート）で囲む古い形式もあります。

トを指定できます。ここでは、年月日時分を指定しています[*7]。実行した時刻が「2021 年 6 月 16 日 22 時 3 分」の場合、「$(date+%Y%m%d%H%M)」の部分が「202106162203」に置き換わり、「ps-202106162203.log」というファイルに保存されます。

「算術式展開」は、「$((」と「))」で囲んだ算術式を計算して、結果に置き換えます。例えば、「$a*$h/2」の計算結果を知るには、次のように実行します[*8]。

```
$ a=5 ⏎
$ h=3 ⏎
$ echo $(($a*$h/2)) ⏎
7
```

ただし、式に使える数字は整数に限られます。実数を計算するには「bc」コマンドを使います。例えば「$r*2*3.14」の計算結果を知るには次のように実行します[*9]。

```
$ r=4 ⏎
$ echo "$r*2*3.14" | bc ⏎
25.12
```

計算結果をコマンドの引数に指定したい場合は、コマンド置換を使って「$(echo"$r*2*3.14" | bc)」と記します。

9-1-5 ディレクトリースタックを使ったカレントディレクトリーの変更

bash には、ディレクトリーを保存する「ディレクトリースタック」があり

[*7] 「%Y」が年、「%m」が月、「%d」が日、「%H」が時、「%M」が分です。詳しくはオンラインマニュアル（「man date ⏎」を実行）を参照してください。
[*8] 掛け算は「×」は「*」、割り算の「÷」は「/」で表します。それから、ここでは「r」というシェル変数を使っています。9-2 で詳しく説明します。
[*9] 「*」はパス名展開される可能性があるため、ダブルクォートで囲んでいます。マッチするファイルがなければ、囲まなくても同じ結果が得られます。

ます[10]。ディレクトリースタックを使うと、一つ前のカレントディレクトリー
(「~-」)だけでなく、複数のディレクトリーを簡単に行き来できます。複数のディ
レクトリーで並行して作業を行う際に便利です[11]。

　最初は、カレントディレクトリーだけがディレクトリースタックに格納され
ています。ディレクトリースタックにディレクトリーを格納するには、内部コ
マンド「pushd」を使います。具体的に、**図1**の操作を想定して説明します。
実際に操作するには、Webサーバーアプリ「Apache HTTP Server」のインストー
ルが必要ですが、ここでは**図1**を参照しながら読み進めるだけで理解できるよ
う、説明します。Apache HTTP Server のインストール方法は Linux ディスト
リビューションで異なるので、ここでは省略します。

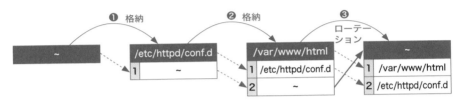

❶～❸で実行した「pushd」コマンドと実行後のカレントディレクトリー

❶　pushd /etc/httpd/conf.d ⏎　→　実行後のカレントディレクトリーは「/etc/httpd/
　　　　　　　　　　　　　　　　　　　　　　　　　　　　　　　　　　conf.d」
❷　pushd /var/www/html ⏎　→　実行後のカレントディレクトリーは「/var/www/html」
❸　pushd +2 ⏎　→　実行後のカレントディレクトリーは「~」(ホームディレクトリー)

図1　「ディレクトリースタック」の操作

　例えば「/etc/httpd/conf.d」というディレクトリーを格納するには、次のよ
うに実行します。

```
$ pushd /etc/httpd/conf.d ⏎
```

　カレントディレクトリーも「/etc/httpd/conf.d」に変わります。ディレクトリー

＊10　「スタック」とは、格納した順にデータを並べ、最後に格納したデータから取り出せるよう
になっているデータ構造のことです。
＊11　例えば、Web サーバーを設定するときに、設定ファイルのディレクトリー「/etc/httpd/
conf.d」と、コンテンツを格納しているディレクトリー「/var/www/html」(このディレクトリー
は「ドキュメントルート」とも呼ばれます)を行き来することがあります。

スタックの内容を確認するには、内部コマンド「dirs」を使います。

```
$ dirs ⏎
/etc/httpd/conf.d ~
```

「-p」オプションを指定すると 1 行に一つ、「-v」オプションを指定するとさ
らに番号を付けて出力します。

「+ 数字」を引数に指定して pushd コマンドを実行すると、上から数えて「数字」
番目のディレクトリーが一番上になるよう、ローテーションします。カレント
ディレクトリーも、そのディレクトリーに変わります。例えば、ディレクトリー
スタックが次のようになっているとします。

```
$ dirs -v ⏎
 0  /var/www/html
 1  /etc/httpd/conf.d
 2  ~
```

ここで「pushd +2」を実行すると、(0 番目から数えて) 2 番目のディレクト
リーが一番上になるようローテーションが行われ、カレントディレクトリーも
「~」に変わります。

```
$ pushd +2 ⏎
$ dirs -v ⏎
 0  ~
 1  /var/www/html
 2  /etc/httpd/conf.d
```

なお、pushd コマンドを引数なしで実行すると、0 番目と 1 番目を入れ替え
ます。

```
$ pushd ⏎
$ dirs -v ⏎
 0  /var/www/html
 1  ~
```

```
2  /etc/httpd/conf.d
```

　ディレクトリースタックからディレクトリーを削除するには、内部コマンド
「popd」を使います。引数なしで実行すると、一番上（0番目）のディレクト
リーが削除されます。「+数字」を引数に指定すると、「数字」番目のディレク
トリーが削除されます。上記の実行例の続きで「popd」を実行すると、先頭の「~」
が削除され、カレントディレクトリーが「/etc/httpd/conf.d」に変わります。

```
$ popd ⏎
$ dirs -v ⏎
 0  ~
 1  /etc/httpd/conf.d
```

9-2 使いやすくする設定

次に、自分の使いやすいように bash をカスタマイズする方法をいくつか紹介します。

9-2-1 エイリアス

Linux を使っていると、特定のオプションや正規表現のパターンなど、決まった形でコマンドを実行することが増えてきます。けれども、同じ文字列を毎回入力することは非効率です。bash の機能である「エイリアス」を使うと、長いコマンドを短い文字列（別名）に置き換えて実行することができます（**図2**）。

図2　エイリアスは英語で「alias」と書き、翻訳すると「別名」を意味する

エイリアスを設定するには、内部コマンドの「alias」を使います。例えば、「history」コマンドを別名「h」で実行できるようにするには、次のように alias コマンドを実行します。

```
$ alias h=history 🔲
```

　これにより、コマンドラインで「h」を実行すると、history コマンドが実行されるようになります。
　ファイルのコピーや削除、移動の際、確認を求めるよう、いずれにも「-i」オプションを指定するには、次のように alias コマンドを実行します。

```
$ alias cp="cp -i" 🔲
$ alias mv="mv -i" 🔲
$ alias rm="rm -i" 🔲
```

　引数なしで alias コマンドを実行すると、今設定されているエイリアスの一覧を出力します。

```
$ alias 🔲
alias cp='cp -i'
alias egrep='egrep --color=auto'
alias fgrep='fgrep --color=auto'
alias grep='grep --color=auto'
alias h='history'
(略)
```

　設定した別名を引数に指定して実行すると、その別名の設定だけを出力します。

```
$ alias h 🔲
alias h='history'
```

　エイリアスの設定を削除するには、内部コマンド「unalias」を使います。引数に別名を指定して実行すると、指定した別名のエイリアスを削除します。

```
$ unalias h 🔲
$ alias h 🔲
-bash: alias: h: 見つかりません
```

エイリアスを設定した状態で、エイリアスを無効にして実行するには、コマンドの先頭に「\」を指定します。例えば、先ほどの「alias rm="rm -i"」で rm コマンドにエイリアスを設定していると、「rm」コマンドで「foo.sh」というファイルを削除するときに次のように確認を求められます。

```
$ rm foo.sh ⏎
rm: 通常ファイル 'foo.sh' を削除しますか？
```

けれども、「\rm foo.sh」と実行すれば、確認を求められることなく削除できます。

```
$ \rm foo.sh ⏎
$
```

ほかにも外部コマンドであれば、絶対パスでコマンドを実行すると、エイリアスを無効にできます。

```
$ /usr/bin/rm foo.sh ⏎
```

さらに、内部コマンド「command」を介して実行しても、エイリアスを無効にできます[*12]。

```
$ command rm foo.sh ⏎
```

9-2-2　シェル変数と環境変数

bash にも、値を格納する箱である「変数」があります。「シェル変数」と呼ばれることもありますが、本書では、後述の環境変数と明確に区別する必要があるとき以外は、単に「変数」と記します。変数を作ったり値を代入したりす

[*12] 内部コマンドの場合は、内部コマンド「builtin」を介して実行しても、エイリアスを無効にできます。

るには、コマンドラインで「変数名=値」を実行します[*13]。例えば、値が「1」の変数「a」を作成するには、次のように実行します。

```
$ a=1 ⏎
```

　文字列を代入することもできます[*14]。「This is a test」という文字列を変数「a」に代入するには、次のように実行します。

```
$ a="This is a test" ⏎
```

　間にあるスペースを、引数の区切りではなく文字列の一部（そのままの文字）として扱ってもらうため、ダブルクォートで文字列全体を囲っています。
　変数を参照するには、変数名の前に「$」を付けます。

```
$ echo $a ⏎
This is a test
```

　ただ、変数名のすぐ後に別の文字があると、変数名の一部とみなされてしまいます。例えば、次の実行例は「$aament」が変数名とみなされます。

第9章

```
$ echo $aament ⏎
```

　「$aament」は代入したことのない変数で未定義のため、参照しても何も出力されません。
　変数名のすぐ後に別の文字をつなげたいときは、変数名を波かっこ「{」と「}」で囲んで、変数名の範囲を明示します。

[*13] 「=」の前後にスペースは入りません（入れてはいけません）。
[*14] 多くのプログラミング言語では変数に型があり、数値と文字列を区別しますが、シェルでは区別しません。基本的には文字列として扱いますが、状況に応じて数値とみなすことがあります。

```
$ echo ${a}ament ⏎
This is a testament
```

　変数は、今使っている bash でのみ有効です。コマンドの引数に指定すると、
変数の値に置き換わってコマンドへ渡されますが、変数そのものが引き継がれ
るわけではありません。試しに、変数「a」を作成し、「bash」を起動してその
中で変数「a」を参照しても、何も設定されていません。

```
$ a=test ⏎
$ echo $a ⏎
test  ←設定した値が入っている（設定した値が表示される）
$ bash ⏎
$ echo $a ⏎
        ←コマンドに変数は引き継がれないため、値が入っていない（何も表示されない）
```

　bash から起動するコマンドに変数を引き継ぐこともできます。その変数を「環
境変数」と呼びます。コマンドは、基本的には指定された引数によって処理を
決めますが、中には環境変数を見て処理を決めるコマンドもあります。例えば
「man」コマンドはページャーに「less」を使いますが、環境変数「MANPAGER」
または「PAGER」が設定されていると、それらに設定されたページャーを使用
します。また、bash 自身はコマンドの検索パスに「PATH」を使いますし、コ
マンドの履歴を記憶する数を「HISTSIZE」で決めます。ほかにもホームディレ
クトリーを「HOME」から、カレントディレクトリーを「PWD」から得るコマ
ンドが多数あります。
　環境変数を確認するには、「printenv」コマンドを使います。引数なしで実行
すると、環境変数とその値を出力します。

```
$ printenv ⏎
（略）
LANG=ja_JP.UTF-8
HOSTNAME=localhost.localdomain
USER=usu
PWD=/home/usu
HOME=/home/usu
```

```
SHELL=/bin/bash
PATH=/home/usu/.local/bin:/home/usu/bin:/usr/local/bin:/usr/bin:/usr/local
/sbin:/usr/sbin
HISTSIZE=1000
（略）
```

　環境変数は、内部コマンドの「export」で設定できます。次のように二つの
方法があります。なお、前者は従来の sh の形式、後者は bash や zsh などで有
効な形式です。

```
■変数名だけを引数に指定して、指定した変数を環境変数にする
$ AAA=1 ⏎
$ export AAA ⏎
■値を代入して、環境変数を新たに作成する
$ export AAA=1 ⏎
```

　環境変数をやめてシェル変数へ戻すには、「-n」オプションを指定して export
コマンドを実行します。環境変数でなくなるだけなので、bash で変数を参照す
ることは可能です。

```
$ export -n AAA ⏎
$ echo $AAA ⏎
1
```

　または、内部コマンドの「unset」で変数自体を未定義にします。unset コマ
ンドの場合は、変数自体が未定義になるため、bash でも変数が未定義になりま
す。

```
$ unset AAA ⏎
$ echo $AAA ⏎
```

　今から実行するコマンドにだけ環境変数を設定したいときは、実行するコマ

ンドの前に「変数名=値」の形式で指定します。例えばページャーに less では
なく「more」コマンド[*15]を指定して man コマンドを実行するには、次のよう
に環境変数「PAGER」に more を指定して実行します。

```
$ PAGER=more man bash ⏎
```

9-2-3　コマンドプロンプトのカスタマイズ

コマンドプロンプトは、RHEL 8 では「[usu@localhost ~]$」ですが、もっと
シンプルにしたり、あるいは別の情報も表示させたりすることができます。コ
マンドプロンプトは、基本的には変数「PS1」に設定された値で決まります。
厳密には、状況に応じて表3に示す変数で決まります。

変数	意味	デフォルト値
PS1	通常表示されるコマンドプロンプト（プライマリープロンプト）	「\s-\v\$ 」（RHEL 8 では「/etc/bashrc」で変更）
PS2	コマンドの入力が終わっていないときのコマンドプロンプト	「> 」
PS3	内部コマンド「select」のコマンドプロンプト	（未定義だが「#? 」が使われる）
PS4	実行トレース中のコマンドプロンプト	「+ 」
PROMPT_COMMAND	PS1 を表示する前に実行される	（未定義、RHEL 8 では「/etc/bashrc」で設定）

表3　コマンドプロンプトに関係のある変数

ただし、変数「PROMPT_COMMAND」は、コマンドプロンプトとは直接関
係ありません。けれども、端末エミュレーターの画面のタイトルを設定すると
きなどに使われているため、表3に入れておきました。

コマンドプロンプト（変数「PS1」～「PS4」）には、表4に示す特殊文字を
設定できます。

---

*15 「more」コマンドはページャーです。more を改良したページャーが less のため、less よ
りも機能が限られています。

特殊文字	意味
\d	「曜日 月 日」という形式の日付
\D{format}	「format」で指定した現在時刻
\h	最初の「.」までの短いホスト名
\H	（ドメイン名を含む）ホスト名
\j	ジョブ数
\n	改行
\s	bash の名前
\t	24 時間制の「HH:MM:SS」形式の現在時刻
\T	12 時間制の「HH:MM:SS」形式の現在時刻
\@	12 時間制の「HH:MM (午前 | 午後)」形式の現在時刻
\A	24 時間制の「HH:MM」形式の現在時刻
\u	ユーザー名
\v	bash のバージョン
\w	カレントディレクトリー
\W	カレントディレクトリー（現在のディレクトリー名のみ）
\!	コマンドの履歴の番号
\$	管理者の場合「#」、非管理者の場合「$」
\nnn	ASCII コードが 8 進数「nnn」の文字
\[	非表示文字のシーケンスの開始
\]	非表示文字のシーケンスの終了

表4　コマンドプロンプトに設定できる主な特殊文字

PS1 のデフォルトの値は「\s-\v\$ 」であり、RHEL 8 では「bash-4.4$ 」と表示されます。けれども、RHEL 8 では「/etc/bashrc」で「\u@\h \W]\$ 」と設定しているため、カレントディレクトリーがホームディレクトリーの場合、「[ユーザー名@短いホスト名 ~]$ 」と表示されます。

例えば、ユーザー名やカレントディレクトリーの表示が不要であれば、次のように「[\h]\$ 」に設定して短いホスト名だけにするとすっきりします。

```
[usu@localhost ~]$ export PS1="[\h]\$ " ⏎
[localhost]$
```

または、次のように「[\!@\A]\$ 」に設定して、コマンドの履歴の番号や時刻を表示すると、いつコマンドを実行し終えたかを確認できて便利です。

```
[usu@localhost ~]$ export PS1="[\!@\A]\$ " ⏎
[1004@20:03]$ ls ⏎   ← 「1004」が ls コマンドの履歴の番号
（略）
[1005@20:06]$   ← 「20:06」が ls コマンドを実行し終えた時刻
```

　変数「PROMPT_COMMAND」にコマンドを設定すると、PS1 を表示する直前に、設定したコマンドを実行してくれます。RHEL 8 では、「/etc/bashrc」で次のように設定されています。

```
PROMPT_COMMAND='printf "\033]0;%s@%s:%s\007" "${USER}" "${HOSTNAME%%.*}" "
${PWD/#$HOME/\~}"'
```

　これにより、端末エミュレーターのウィンドウのタイトルとアイコン名に文字列を設定できます（図3）。

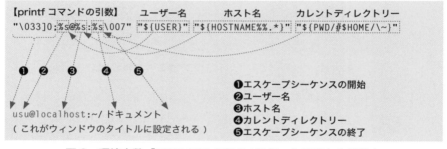

図3　環境変数「PROMPT_COMMAND」に設定した引数と
ウィンドウのタイトルの対応

　「printf」コマンドは、C言語の「printf」関数のように、データを整形して出力するコマンドです。詳しい説明は省きますが、第1引数である「\033]0;%s@%s:%s\007」が出力されます。ただし、「%s」で示した箇所は、2番目以降の引数で指定された文字列（第2引数がユーザー名、第3引数が短いホスト名、第4引数がカレントディレクトリー）に置き換わります。コマンドラインで同じように実行することで確認できます。

```
$ printf "%s@%s:%s" "${USER}" "${HOSTNAME%%.*}" "${PWD/#$HOME/\~}" ⏎
```

```
usu@localhost:~/ドキュメント
```

　また、第 1 引数の先頭の「\033]0;」から最後の「\007」までを「エスケープ
シーケンス」と呼びます。「\033」が「エスケープ」という文字を表していて、
これ以降の出力を、単なる文字の出力ではなく、特別な操作であることを指示
しています。次に、「]0;」でウィンドウタイトルとアイコン名を設定しています
[16]。最後の「\007」の直前までが名前と解釈されます。最後の「\007」でエ
スケープシーケンスの終わりを指示しています。例えば、次を実行すると、ウィ
ンドウタイトルなどが 2 秒間だけ「ABC」に変わります（その後、PROMPT_
COMMAND によって元のタイトルに戻ります）[17]。

```
$ printf "\033]0;ABC\007"; sleep 2 ⏎
```

　ちなみに、PROMPT_COMMAND を使わず、PS1 でこれらを行うこともでき
ます。参考までに、次に実行例を示します。

```
$ unset PROMPT_COMMAND ⏎
$ export PS1="\[\033]0;\u@\h:\w\007\][\u@\h \W]\$ " ⏎
```

第9章

9-3 設定ファイルで残す

　コマンドラインを使いやすくする操作や設定をいくつか紹介しました。これらを毎回実行するとなると大変ですが、bash の設定ファイルに記述して残しておくことで、常に有効にすることができます（**図4**）。ここでは、bash の設定ファイルと設定例について説明します。

図4　大事な設定は残しておく

9-3-1　設定ファイルの種類

　bash にはさまざまな設定ファイルがあります。SSH で別のマシンからログインしたときや、仮想コンソールからログインしたときには、**表5**の順に設定ファイルが読み込まれます。

順番	設定ファイル	存在	この設定ファイルから読み込まれるファイル
1	/etc/profile	○	/etc/profile.d/*.sh /etc/profile.d/*.sh.local /etc/bashrc
2	~/.bash_profile	○	~/.bashrc
3	~/.bash_login	×	—
4	~/.profile	×	—

表5　ログイン時に読み込まれる bash の設定ファイル

ログアウト時には、「~/.bash_logout」と「/etc/bash.bash_logout」が読み込まれます[18]。端末エミュレーターを起動したときなど、ログインではなく単にbash を起動したときには、起動時に「~/.bashrc」が読み込まれます。

これらのうち、ユーザーが自身の権限で編集できるファイルは「~/.bashrc」と「~/.bash_login」「~/.bash_logout」です。「~/.bash_login」と「~/.bash_logout」は、それぞれログイン時とログアウト時に限られます[19]が、「~/.bashrc」は bash の起動時に読み込まれるため、基本的な設定は「~/.bashrc」に記述するのが一般的です。

9-3-2 「~/.bashrc」の設定例

最後に、RHEL 8 の設定ファイル「~/.bashrc」に、コマンドプロンプトのカスタマイズを追加した設定例を次に示します。

＊18　RHEL 8 のデフォルトではどちらのファイルも存在しません。
＊19　例えば、ログインとログアウトをどこかに記録したり通知したりしたいときに、その処理を記述します。

```
# .bashrc
                                       初期状態の「.bashrc」の部分
# Source global definitions
if [ -f /etc/bashrc ]; then
      . /etc/bashrc
fi

# User specific environment
if ! [[ "$PATH" =~ "$HOME/.local/bin:$HOME/bin:" ]]
then
    PATH="$HOME/.local/bin:$HOME/bin:$PATH"
fi
export PATH

# Uncomment the following line if you don't like systemctl's auto-paging f
eature:
# export SYSTEMD_PAGER=

# User specific aliases and functions
```

```
alias h=history
alias b=bg
alias f=fg                  ①エイリアスの設定
alias dirs="dirs -v"
alias d=dirs
```

```
pu() {
  pushd $@ > /dev/null && dirs
}                              ②エイリアスでは引数を渡せないため関数を定義
po() {
  popd $@ > /dev/null && dirs
}
```

```
[ -d /usr/local/cuda/bin ] && PATH="/usr/local/cuda/bin:$PATH"  ←③パスの追加

PROMPT_COMMAND="printf \"\\033]0;%s\\007\" \"\$(command dirs -p | sed 's/^
\(.*\)$/[\1]/' | tr -d \"\n\")\""
case "$TERM" in        ↑④ディレクトリースタックをウィンドウタイトルなどに指定
  xterm*color) PS1="\[\e[01;31m\]\h:\W\[\e[00m\]\$ ";;
  *) PS1="\h:\W\$ ";;                       ↑
esac                      ⑤カラーに対応していればコマンドプロンプトを赤色に設定
```

①では、エイリアスを設定しています。②では、pushd コマンドと popd コ

204

マンドを利用した関数を定義しています[*20]。③では、「/usr/local/cuda/bin」というディレクトリーがあれば、それを環境変数「PATH」の先頭に追加しています。

④では、ディレクトリースタックをウィンドウタイトルとアイコン名に指定するコマンドを「PROMPT_COMMAND」に設定しています。「command dirs -p」で出力された各行（ディレクトリー）を、sed コマンドを使って角かっこ「[」と「]」で囲み、tr コマンドで1行にまとめています。直接実行すると次のようになります[*21]。

```
$ command dirs -p | sed 's/^\(.*\)$/[\1]/' | tr -d "\n" ⏎
[~][/etc/httpd/conf.d][/var/www/html]
```

そして、⑤では、カラー表示に対応している端末エミュレーターなら、コマンドプロンプト（「PS1」）を、エスケープシーケンスを使って赤色に設定しています[*22]。

「~/.bashrc」の設定に間違いがあっても、bash 自体が起動されなくなるわけではありませんが、以降の設定が実行されない可能性があります。もしエラーメッセージが出力されたら、メッセージをよく読んで修正しましょう。

第9章

＊20　関数について 11-2 で詳しく説明します。
＊21　末尾の tr コマンドの引数を、④とは異なりダブルクォートで囲んでいません。この理由は、④ではダブルクォート内でダブルクォートを使用していることにあります。ダブルクォート内のダブルクォートは特別な意味を持つため、④では「\n」をそのままの文字（改行を意味する特殊文字）として認識されるように、ダブルクォートの直前に「\」を追加しています。より詳しい説明は 8-1-3 を参照してください。
＊22　「case」文については 11-1 で詳しく説明します。

第 9 章の復習

◆ bashの便利機能やカスタマイズ機能を活用することで、より使いやすいコマンドラインの環境を構築できます。

◆便利機能には、コマンド履歴や自動補完、ブレース展開などがあります。いずれも、頻繁に使うコマンドラインや文字入力などを、少ないキー操作で実現できます。

◆カスタマイズ機能では、よく使う長いコマンドや引数などを短縮できる「エイリアス」や「変数」を活用することで、キー入力の手間を省くことができます。

◆エイリアスや変数を活用することで、コマンドプロンプトのカスタマイズも可能です。

◆「~/.bashrc」などのファイルに設定に残すと、これらの機能をいつでも使えるようにできます。

第 **10** 章

スーパーユーザーの役割
を知っておこう

　ソフトウエアには必ずバグがあり、ハードウエアは必ず故障します。普段使っている Linux がいつでもいつまでも問題なく使えるという保証はありません[*1]。けれども、何の前触れもなく障害が起こることはさほど多くなく、何かしらの兆候がどこかに現れることが多いように思います。また、障害が起こったときには、「システムログ」などに関連するメッセージが出力されます。スーパーユーザーは、常日ごろから、システムの状態を監視して、障害やその兆候を見逃さないようにし、見つけ次第、早急に対処できるようにしておく必要があります。

　システムに問題がなくても、ユーザーの増減や役割の変更、サービスの追加や削除、設定変更、セキュリティホールへの対応など、スーパーユーザーが日常的に行うことは多くあります。さらに、今のシステムを維持するだけでなく、将来を見据えて、リソースの増強やリプレースなどの計画を立てて実行していくことも求められます。

　本書はスーパーユーザーを対象としているわけではないため、それらをすべ

. . . .

[*1]　クラウドコンピューティングサービスでも、障害で使えなくなることが（ごく稀ですが）あります。

て説明することはできませんが、どこの組織でも行われていると思われる、基本的な作業がありますので、第10章では、スーパーユーザーが普段行っている代表的な作業について説明したいと思います。

第
10
章

10-1 スーパーユーザーになる

　スーパーユーザーになる（管理者権限を得てコマンドを実行できるようにな
る）には、通常は、root ユーザーのパスワードを教えてもらって「su」コマン
ドで管理者権限を得るか、「wheel」グループに加えてもらって「sudo」コマン
ドで管理者権限を得るかします。それらについて説明します。

10-1-1「sudo」コマンドの設定

　3-3 で説明したように、管理者権限を必要とする操作を行うときは、sudo コ
マンドまたは su コマンドを使います。もちろん誰でも実行できるわけではあり
ません。通常、su コマンドで管理者権限を得るには、root ユーザーのパスワー
ドが必要です[*2]。

　RHEL 8 の場合、sudo コマンドで管理者権限を得るには、「wheel」グループ
に属している必要があります。これは、設定ファイル「/etc/sudoers」でその
ように設定されているためです。設定の一部を図 1 に示します。

```
## Allow root to run any commands anywhere
root      ALL=(ALL)    ALL

## Allows people in group wheel to run all commands
%wheel    ALL=(ALL)    ALL
```
①対象の　②対象　③誰の　④実行
ユーザー　のホスト　権限で　できる
もしくは　　　　　実行　コマンド
％グループ　　　　するか？

図 1　「/etc/sudoers」の設定（抜粋）

　「#」はコメントを表す文字で、「#」から行末までをコメントとみなし、無視
されます[*3]。最初のフィールド（①）には、sudo コマンドを実行できるユーザー

＊2　RHEL 8 では、「/etc/pam.d/su」の 7 行目（#auth required pam_wheel.so use_uid）の
先頭の「#」を削除すると、wheel グループに属するユーザーだけに限定できます。
＊3　ただし、「#include」や「#includedir」の先頭の「#」と、ユーザー ID やグループ ID で指
定するときに使う「#」は例外で、コメントとみなされません。

またはグループを指定します。なお、先頭に「%」を付けるとグループ名と解釈されます。②の箇所には、対象のホストを指定します。複数のマシンで設定ファイルを共有していて、特定のマシンを対象とする場合に意味を持ちますが、そうでなければ「ALL」を指定しておきます。

③の箇所には、誰の権限で実行できるかを、ユーザー名で指定します。「ALL」の場合は誰の権限でも実行できます。④の箇所には、実行できるコマンドを指定します。複数ある場合は「,」で区切ります。「ALL」の場合はすべて実行できます。

特定のユーザーに管理者権限を一部だけ与えたいなど、設定を追加したい場合は、設定ファイルを編集します。例えば、/etc/sudoers ファイルに次の1行を追加すると、「deckard」ユーザーが管理者権限で「ls」コマンドと「cat」コマンドを実行できるようになります。

```
deckard  ALL=(ALL)  /usr/bin/ls, /usr/bin/cat
```

/etc/sudoers ファイルを編集するには、テキストエディタで同ファイルを開いて編集するのではなく、「visudo」コマンドを使います。次のように sudo コマンドを介して実行すると、環境変数「SUDO_EDITOR」または「VISUAL」「EDITOR」に設定されているテキストエディタが起動します。いずれも未定義であれば「vi」が起動します。

```
$ sudo visudo ⏎
```

設定を編集し、ファイルに保存してテキストエディタを終了すると、その設定が即座に反映されます。

専用のコマンドを介して設定ファイルを編集する理由は、複数の管理者が同時に編集することを防ぐためです[*4]。もし複数で同時に編集すると、先に保存して終了したほうの設定が消えてしまう恐れがあります。このため、ほかの誰かが既に編集中の場合、以下のようなメッセージを出力し、同時編集を阻止します。

*4　多くのディストリビューションでは「/etc/sudoers.d/」にファイルがあれば読み込みます。visudo コマンドでそれらを編集するには、「-f」オプションとファイル名を引数に指定します。

```
$ sudo visudo ⏎
visudo: /etc/sudoers がビジー状態です。後で再試行してください
```

10-2 スーパーユーザーの仕事

　スーパーユーザーが日常的に行う基本的な作業をいくつか紹介します。紹介するコマンドの多くは管理者権限が必要なため、「sudo」コマンドを介して実行することになります。

10-2-1 ユーザー・グループの作成・変更・削除

　スーパーユーザーは、ユーザーやグループの作成や変更を行うことができます。ただ、ある程度の規模の組織であれば、「LDAP（Lightweight Directory Access Protocol）」などのプロトコル*5に対応した「ディレクトリーサービス」でユーザーやグループの情報を集中管理していることが多いように思います。ここではあくまでも、単体のLinuxシステムのユーザーやグループを管理する方法について説明します。

　ユーザーの作成、変更および削除を行うには、それぞれ「useradd」「usermod」「userdel」コマンドを使います。

　ユーザーを作成するには「useradd」コマンドを使います。引数にユーザー名を指定して実行すると、指定したユーザーを作成します。例えば、「deckard」という名前のユーザーを作成するには、次のように実行します。

```
$ sudo useradd deckard ⏎
```

　ユーザーと同じ名前のグループを作成して、そのグループのみに属したユーザーを作成します。「groups」コマンドで次のように確認できます。

```
$ groups deckard ⏎
deckard : deckard
```

第10章

＊5　「プロトコル」とは、データをやり取りするときの送受信の手順を定めた規格のことです。

ホームディレクトリー「/home/ユーザー名」も同時に作成されます[*6]。もし、ホームディレクトリーを違うパスにする必要があるなら、「-d」オプションとパスを引数に指定して useradd コマンドを実行します。

　Linux カーネルでは、ユーザーとグループを名前で区別するのではなく、プロセスと同じく、それぞれ「ユーザー ID」と「グループ ID」という番号で区別しています。ほかのシステムとこれらの ID を合わせる必要がある場合は、「-u」オプションとユーザー ID を引数に指定します。既存のグループに属するユーザーを作成するには、「-g」オプションとグループ名またはグループ ID を引数に指定します。また、ほかのグループにも属する場合は、「-G」オプションと、グループを「,」で区切ったものを引数に指定します。

　既存のユーザーの情報を変更するには、usermod コマンドを使います。useradd コマンドと同じく、「-d」や「-u」「-g」「-G」などのオプションと、変更対象のユーザー名を引数に指定して実行します。例えば、「deckard」ユーザーの属するグループを「users」に変更し、さらに「wheel」グループにも属するようにするには、次のように実行します。

```
$ sudo usermod -g users -G wheel deckard ⏎
```

　なお、「-u」オプションでユーザー ID を変更すると、ホームディレクトリー以下の、そのユーザーが所有しているファイルの所有者は自動で変更されますが、ホームディレクトリー以外のファイルは変更されません。例えば、「/tmp/foo」というディレクトリーを作成して、deckard の所有物にします。

```
$ mkdir /tmp/foo ⏎
$ sudo chown deckard /tmp/foo ⏎
$ ls -ld /tmp/foo ⏎
drwxrwxr-x. 2 deckard users 6  5月 30 09:35 /tmp/foo
```

　そして、deckard のユーザー ID を変更すると、/tmp/foo の所有者は、deckard ではなくなります（名前のない、変更前のユーザー ID、ここでは「1001」

[*6]　デフォルトでは「-m」オプションを指定するとホームディレクトリーを作成しますが、RHEL 8 では指定しなくても作成されます。

が所有者になります)。

```
$ sudo usermod -u 1234 deckard ⏎
$ ls -ld /tmp/foo ⏎
drwxrwxr-x. 2 1001 users 6  5月 30 09:35 /tmp/foo
```

　ユーザーを削除するには、userdel コマンドを使います。引数にユーザー名だ
けを指定して実行すると、ユーザーは削除されますが、そのユーザーのホーム
ディレクトリーは残ります。例えば、「deckard」ユーザーを削除する実行例は、
次のようになります。

```
$ sudo userdel deckard ⏎
$ ls -l /home ⏎
合計 4
drwx------.  3 1001 users   92  5月 30 08:53 deckard
drwx------. 17 usu  usu  4096  5月 30 09:37 usu
```

　ユーザーを削除するときにホームディレクトリーも削除するには、「-r」オプ
ションを指定します[7]。ただし、userdel コマンドで削除したファイルを元に
戻すことは非常に難しいため、削除する必要が明白でない場合、後から rm コ
マンドを使って手動で削除することを、個人的にはお勧めします。
　グループの作成、変更および削除を行うには、それぞれ「groupadd」
「groupmod」「groupdel」コマンドを使います。
　グループを作成するには、groupadd コマンドを使います。グループ名を引数
に指定すると、指定したグループを作成します。例えば、「replicant」グループ
を作成するには、次のように実行します。

```
$ sudo groupadd replicant ⏎
```

　「-g」オプションとグループ ID を指定して、グループ ID を明示的に指定する

＊ 7　厳密には、メールスプール (/var/mail/ ユーザー名) も削除されます。

こともできます。

　既存のグループの情報を変更するには、groupmod コマンドを使います。「-n」オプションと新しいグループ名、あるいは「-g」オプションとグループ ID と、対象のグループ名を指定して実行します。例えば、「replicant」グループの名前を「robot」へ変更するには、次のように実行します。

```
$ sudo groupmod -n robot replicant ⏎
```

　グループを削除するには、groupdel コマンドを使います。削除するグループ名を引数に指定して実行します。例えば、「robot」グループを削除するには、次のように実行します。

```
$ sudo groupdel robot ⏎
```

　ユーザーやグループを削除した後も、それらのユーザーやグループが所有していたファイルは、そのままの状態で残ります。その後、同じユーザー ID のユーザーや同じグループ ID のグループを作成すると、残っているファイルの所有者やグループが、新たに作成されたユーザーやグループの所有となります。本来許可すべきでない人に、うっかりアクセスする権利などを与えてしまわないよう、十分注意してください。

10-2-2 システムの監視

　「障害」とは、システムにある何らかの不備（欠陥）がきっかけで起こる、ユーザーが期待する動きをシステムが提供できない事象、つまり、システムが期待する動きをしないことです。欠陥があってもすぐに障害が起こるとは限らないため、システムの状態を定期的に監視し、欠陥を見つけることで、障害を未然に防ぐことができます（**図 2**）。

　もし、障害を未然に防げなかったとしても、システムを監視していれば、障害の発生にいち早く気付き、早急に対処することができます。

図2　「障害」は定期的な監視をすることで未然に防げる

　システムの欠陥にはいろいろありますが、比較的気づきやすいのがリソース不足です。CPU の負荷の増大やメモリーの不足、ストレージ（ファイルシステム）の空き容量の不足がきっかけで、サービスやコマンドが動作しなくなったり、機能が制限されたりする可能性があります。

　CPU の負荷を確認するには、ファイル「/proc/loadavg」を閲覧するか、「top」コマンドや「uptime」コマンドなどを実行します。/proc/loadavg ファイルを閲覧すると、7-2 の例でも示しましたが、直近の 1 分間、5 分間および 15 分間の CPU の負荷などを教えてくれます。top コマンドや uptime コマンドでも、CPU の使用率が同じように出力されます。uptime コマンドの出力例を次に示します。

```
$ uptime ⏎
 11:27:47 up 8 days,  2:37,  2 users,  load average: 1.02, 0.36, 0.13
```

　一つのプロセスが常に実行中の場合、CPU の使用率が「1」になります。マイニングや AI の学習でもしない限り、プロセスがずっと実行中になることはありません。CPU の使用率が常に一定値を超えているなら、その原因を突き止め、解消されない場合は CPU やサーバーの追加や増強を検討したほうがよいと思います。

メモリーの使用量を確認するには「free」コマンドを使います。実行例を次に示します。

```
$ free ⏎
              total        used        free      shared  buff/cache   available
Mem:        3823960     2211464      299848       20356     1312648     1359148
Swap:       4153340      249344     3903996
```

　「Mem:」で始まる行がメモリーの現状を表しています。単位はキロバイトです[8]。「total」は合計、「used」は使用中、「free」は未使用、「shared」は主に「tmpfs」[9]で使用、「buff/cache」は Linux カーネルで効率化のために使用、「available」は使用可能なメモリーの試算です。Linux カーネルは、メモリーに余裕があれば、ストレージへのアクセスを極力減らすために、メモリーをキャッシュとして使います。その多くは必須ではないため、free が少ないときは buff/cache を解放して再利用できるようにします。buff/cache のすべてを解放できるわけではありませんが、available くらいのメモリーは利用できます。available が常に少ない状態の場合、メモリーの増強などを検討すべきです。

　「Swap:」で始まる行は、「スワップ」の現状を表しています。スワップとは、ストレージにあり[10]、使用頻度の低いメモリーを一時的に退避させる場所のことです。これにより、使えるメモリーを増やすことができます。ただし、メモリーからスワップへの書き出し（スワップアウト）やスワップからメモリーへの読み込み（スワップイン）が頻繁に行われると、ストレージへのアクセスが増えてシステムの処理速度が下がってしまいます。

　また、スワップの free が少なくなってくると、見かけ上の空きメモリーも少なくなり、メモリー不足に陥ります。スワップは、メモリーの使用量が一時的に急増したときに使われるものと考え、普段はあまり使われていない状態であることが望ましいと思います[11]。

＊8　「-m」オプションでメガバイト、「-h」オプションで読みやすいように単位を切り替えます。
＊9　「tmpfs」は、メモリーに作成するファイルシステムです。「/run」などで使われています。
＊10　ストレージのパーティションか、またはファイルシステム内にあるファイルを、スワップとして使うことができます。複数使うこともできます。
＊11　大昔に筆者がインターネットサーバーを管理していたとき、メモリー不足になったため、スワップファイルを一時的にいくつか追加することで、増設用のメモリーが届くまでしのいだことがありました。

なお、「vmstat」コマンドを実行すると、メモリーとスワップの使用量、ストレージのアクセス、CPU の使用状況などをまとめて確認できます。

```
$ vmstat ⏎
procs -----------memory--------- -swap-- ---io-- -system- ------cpu-----
 r  b   swpd   free  buff  cache  si  so  bi  bo   in  cs us sy id wa st
 2  0 355328 287688     4 1177592   0   1   6   8   33  42  1  0 99  0  0
```

　「procs」には実行中とストレージの処理待ちのプロセス数、「memory」には仮想的なメモリーの使用量と空き容量など、「swap」にはスワップインとスワップアウトの量、「io」にはストレージの読み書きしたブロック数、「system」には 1 秒間に発生した割り込み回数とプロセス切り替え回数、「cpu」には各状態で実行された割合が出力されます。
　また、引数に数字を指定すると、指定した数字の秒数ごとに出力し続けます[*12]。システムが問題なく動いているときの値を事前に確認しておき、かけ離れた値になっていないかなど、ときどき確認するとよいと思います。
　ストレージの使用量を確認するには、「df」コマンドを使います。次に実行例を示します。

```
$ df ⏎
ファイルシス               1K-ブロック       使用       使用可 使用% マウント位置
devtmpfs                   1881796          0     1881796   0% /dev
tmpfs                      1911980          0     1911980   0% /dev/shm
tmpfs                      1911980      17828     1894152   1% /run
tmpfs                      1911980          0     1911980   0% /sys/fs/cgroup
/dev/mapper/rhel-root     36719088    6428020    30291068  18% /
/dev/sda1                  1038336     244568      793768  24% /boot
tmpfs                       382396         20      382376   1% /run/user/42
tmpfs                       382396         40      382356   1% /run/user/1000
```

　最初のフィールド「ファイルシス」には、ストレージのデバイスファイルが出力されます。ただし、「tmpfs」や「devtmpfs」の場合はストレージではな

＊12　もう一つ数字を指定すると、その数字が実行回数の指定になり、回数に達したら vmstat コマンドを終了します。例えば「vmstat 1 3 ⏎」を実行すると、1 秒ごとに 3 回出力した後、コマンドを終了します。

くメモリーに作成されています。次の「1K- ブロック」「使用」「使用可」には、それぞれ全容量、使用量、使用可能（空き）容量がキロバイトで出力されます。

「使用 %」は使用率、「マウント位置」はマウント*13 している Linux のディレクトリーの位置を示しています。上記の df コマンドの実行例では、上から 5 件目の「/dev/mapper/rhel-root」で始まる行と、その下にある「/dev/sda1」で始まる行が、メモリーではなくストレージにあるファイルシステムです。これらの「使用 %」が高くなっていると、アクセスに時間がかかるようになったり、大きなデータを置けなくなるなどの障害が起きやすくなります。そうなったときは、不要なファイルを削除したり、使っていないファイルを圧縮したり、別のストレージに移動させたりするなどの対処が必要です。

どのディレクトリーのサイズが大きいのかを調べるには、「du」コマンドを使います。ファイルやディレクトリーを引数に指定して実行すると、ストレージの使用量を出力します。ディレクトリーの場合、その下にもディレクトリーがあればそのディレクトリーの使用量を出力といった具合に、再帰的にたどって配下にあるすべてのディレクトリーの使用量を出力します。例えば、ディレクトリー「/var/log」の使用量を確認するには、次のように実行します。

```
$ sudo du /var/log ⏎
0        /var/log/private
0        /var/log/samba/old
0        /var/log/samba
1664     /var/log/audit
（略）
8        /var/log/tuned
0        /var/log/qemu-ga
5548     /var/log/anaconda
11488    /var/log
```

出力される使用量の単位はキロバイトです。指定したファイルやディレクトリーの使用量だけを確認するには、「-s」オプションを指定します。例えば、ディレクトリー「/var」にあるディレクトリーのうち、使用量の大きいものを確認

---

*13 「マウント」とは、ストレージ（のパーティション）をディレクトリーの特定の位置に対応させて、ファイルシステムにアクセスできるようにすることです（3-1 で示したように、Linux のディレクトリー構造は一つのツリーになっています）。

したい場合は、次のように実行します。

```
$ sudo du -s /var/* | sort -nr ⏎
1027324/var/cache
257288 /var/crash
232768 /var/tmp
174280 /var/lib
11568  /var/log
0      /var/yp
0      /var/spool
(略)
```

　ディレクトリー「/var/cache」は、サービスやコマンドで一時的に使われる
ものを置いておく場所です。例えば、ソフトウエアやライブラリなどのパッケー
ジに関する情報をダウンロードしたものなどです。この /var/cache ディレクト
リーにあるファイルやディレクトリーを削除してよいかどうかは、それぞれの
サービスやコマンドによって異なるため、確認する必要があります[*14]。

10-2-3 サービスの確認

　RHEL 7 以降や Ubuntu 15.04 以降などでは、システムの起動やサービスの
管理に「systemd」を使っています。systemd の設定や確認に使われるコマン
ドが「systemctl」です。systemctl コマンドで、サービスの一覧を出力したり、
サービスの状態の確認、サービスの起動や停止などの操作を行うことができま
す。サービスの一覧を出力するには、「--type=service」オプションと「list-units」
を引数に指定して実行します。

```
$ systemctl --type=service list-units ⏎
UNIT                       LOAD   ACTIVE SUB     DESCRIPTION
accounts-daemon.service    loaded active running Accounts Service
alsa-state.service         loaded active running Manage Sound Card St
```

──

＊14　例えば「sudo pkcon refresh force ⏎」を実行すると「/var/cache/PackageKit」不要なファ
イルを、「sudo dnf clean dbcache ⏎」を実行すると 「/var/cache/dnf」の不要なファイルを削
除できます。

```
ate (restore and store)
atd.service                          loaded active running Job spooling tools
auditd.service                       loaded active running Security Auditing Se
rvice
avahi-daemon.service                 loaded active running Avahi mDNS/DNS-SD St
ack
chronyd.service                      loaded active running NTP client/server
colord.service                       loaded active running Manage, Install and
Generate Color Profiles
crond.service                        loaded active running Command Scheduler
cups.service                         loaded active running CUPS Scheduler
(略)
vdo.service                          loaded active exited  VDO volume services
wpa_supplicant.service               loaded active running WPA supplicant

LOAD   = Reflects whether the unit definition was properly loaded.
ACTIVE = The high-level unit activation state, i.e. generalization of SUB.
SUB    = The low-level unit activation state, values depend on unit type.

72 loaded units listed. Pass --all to see loaded but inactive units, too.
To show all installed unit files use 'systemctl list-unit-files'.
```

　ユニット名（UNIT）[15]、設定を読み込んでいるかどうか（LOAD）、状態（ACTIVE と SUB）、説明（DESCRIPTION）をそれぞれ出力します。

　サービスの状態を確認するには、「status」とサービス名を引数に指定して実行します。例えば、SSH のサービスである「sshd.service」[16] の状態を確認するには、次のように実行します。

```
$ systemctl status sshd ⏎
● sshd.service - OpenSSH server daemon
   Loaded: loaded (/usr/lib/systemd/system/sshd.service; enabled; vendor p
reset: enabled)
   Active: active (running) since Mon 2021-03-29 23:41:58 JST; 2 months 2
days ago
     Docs: man:sshd(8)
           man:sshd_config(5)
 Main PID: 973 (sshd)
```

....
＊15　systemd ではサービス以外も含め、管理対象を「ユニット」と称して一元管理します。
＊16　サービスの場合、ユニット名の末尾に「.service」が付きます。なお「.service」は省略可能です。

```
   Tasks: 1 (limit: 23521)
   Memory: 6.1M
   CGroup: /system.slice/sshd.service
        └─973 /usr/sbin/sshd -D -oCiphers=aes256-gcm@openssh.com,chach
a20-po…

 5月 30 23:23:52 localhost.localdomain sshd[188100]: Accepted password for
d…h2
 5月 30 23:23:52 localhost.localdomain sshd[188100]: pam_unix(sshd:session)
:…0)
 5月 30 23:31:48 localhost.localdomain sshd[188409]: Accepted password for
d…h2
 5月 30 23:31:49 localhost.localdomain sshd[188409]: pam_unix(sshd:session)
:…0)
 5月 30 23:33:26 localhost.localdomain sshd[188599]: Accepted password for
u…h2
 5月 30 23:33:26 localhost.localdomain sshd[188599]: pam_unix(sshd:session)
:…0)
 6月 01 04:06:42 localhost.localdomain sshd[206521]: Accepted password for
u…h2
 6月 01 04:06:42 localhost.localdomain sshd[206521]: pam_unix(sshd:session)
:…0)
 6月 01 05:31:46 localhost.localdomain sshd[207626]: Accepted password for
d…h2
 6月 01 05:31:47 localhost.localdomain sshd[207626]: pam_unix(sshd:session)
:…0)
Hint: Some lines were ellipsized, use -l to show in full.
```

　サービスの状態やプロセス、ログの一部が出力されます。動作中でない場合
（running でなかったりプロセスが出力されていないなど）や、ログにエラーや
警告がある場合は、それらを確認して対処する必要があります。

　サービスを起動、停止、再起動するには、それぞれ「start」「stop」「restart」
とユニット名を引数に指定して実行します。例えば、sshd.service を再起動す
るには、次のように実行します。

```
$ sudo systemctl restart sshd.service ⏎
```

　問題なければ特に何も出力されませんが、念のため「systemctl status sshd.
service ⏎」を実行して、状態を確認しておきましょう。

10-2-4 システムログの確認

　「システムログ」とは、システムの状態やサービスの動作状況などをシステムが記録した履歴のことです。システムログを確認することで、サービスが異常な状態になっていたり、不正なアクセスがされていたりすることに気付くことができます。Unix系のOSでは、システムログの管理に「syslog」を使っていました。RHEL 8など多くのディストリビューションでは、新世代のsyslogである「rsyslog」を使ってログを管理しています。ここでは、RHEL 8を例にして、システムログの概要と主なログファイルについて説明します。

　syslogとrsyslogは、「ファシリティ」と呼ばれる種類と、「レベル」と呼ばれる重要度を使って、システムログを分類して記録しています。syslogのファシリティを**表1**に、syslogのレベルを**表2**に示します。

ファシリティ	意味
auth	セキュリティや認証
authpriv	セキュリティや認証（ユーザー名などプライベートな情報を含む）
cron	cronとat
daemon	システムサービス（適切なファシリティがない場合）
ftp	ftp
kern	カーネル
local0、local1、local2、local3、local4、local5、local6、local7	ローカルで使用
lpr	プリンター
mail	メール
news	ニュース
syslog	syslogやrsyslog
user	ユーザーレベル
uucp	UUCP

表1　「syslog」のファシリティ

レベル	意味
emerg、panic	システムが使用できない状態
alert	即座に対処が必要
crit	危機状態
err、error	エラー状態
warning、warn	警告状態
notice	正常だが注意が必要な状態
info	情報
debug	デバッグメッセージ

表2 「syslog」のレベル

rsyslogでは、設定ファイル「/etc/rsyslog.conf」[*17]の指示により、ファシリティやレベルを基にいくつかのログファイルに分けて記録しています。主なログファイルを**表3**に示します。

ログファイル	ファシリティとレベル	意味
/var/log/messages	authpriv と cron と mail を除く info 以上のレベル	一般的なログ
/var/log/secure	authpriv のすべてのレベル	プライベートな認証のログ
/var/log/maillog	mail のすべてのレベル	メールに関するログ
/var/log/cron	cron のすべてのレベル	cron のログ
/var/log/spooler	news と uucp の crit 以上のレベル	ニュースと UUCP に関するログ
/var/log/boot.log	local7 のすべてのレベル	ブート時のログ

表3 RHEL 8 の「rsyslog」の主なログファイル

確認したいログの種類から、閲覧するログファイルを絞り込むことができます。例えば、ログインしたユーザーや sudo コマンドを実行したユーザーを確認するには、「/var/log/secure」[*18]を閲覧すればよいことがわかります。システムログはテキストファイルなので、ページャーなどで閲覧できます。例えば、「less」コマンドを使って閲覧するには、次のように実行します。

[*17] 厳密にはディレクトリー「/etc/rsyslog.d」にあるファイルも rsyslog の設定ファイルです。ただし RHEL 8 の場合、デフォルトではファイルがありません。
[*18] 「logger」コマンドでシステムログにメッセージを追加できます。「logger -p authpriv. debug test ↵」と実行すると、「/var/log/secure」の末尾に「test」が追加されます。

```
$ sudo less /var/log/secure ⏎
```

　ページャーでログファイルを閲覧している間は、追記された新しいログを確認できません。新たに追記されたログを確認するには、「-f」オプションを指定して「tail」コマンドを実行します。例えば、次のように tail コマンドを実行すると、「/var/log/messages」へ新たに追記されたログが、都度標準出力へ出力されるようになります。tail コマンドは実行し続けるため、終了するには［Ctrl+C］キーを押してください。

```
$ sudo tail -f /var/log/messages ⏎
```

　システムログには、日々メッセージが追加されていきます。そのままだと一つのファイルにすべてのメッセージが記録されて、見づらくなっていきます。そうならないように、多くの Linux ディストリビューションでは「logrotate」というユーティリティを使ってシステムログをローテーションし（**図3**）、古いログを圧縮したり削除したりしています。

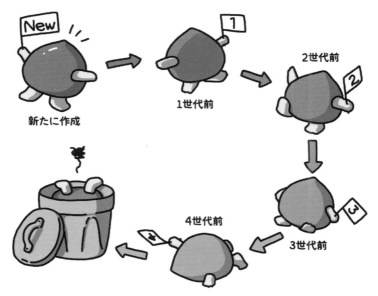

図3 「logrotate」によるログのローテーション

ローテーションの際には、現在の「ログファイル」を1世代前の「ログファイル.1」に、「ログファイル.1」を2世代前の「ログファイル.2」に移動し、新たなログファイルとして空の「ログファイル」を作成します。RHEL 8 のデフォルトの設定（/etc/logrotate.conf）では、週に1回ローテーションを行い、4週間分を残します。つまり、「ログファイル.4」は、次のローテーションで削除されます。

10-2-5 バックアップ・リストア

　昔は、「dump」コマンドを使ってフルバックアップや差分バックアップを定期的に行い、障害が発生したときには「restore」コマンドで復元（リストア）していました。けれども、昔と違って今は、システムが巨大になっていること、ハードウエア構成が同じとは限らないこと、システムのセットアップの自動化が進んでいることなどから、システムを丸ごとバックアップ・リストアする必要性が薄れてきています。

　そこで、ここでは、簡易的にバックアップ・リストアする手順として、アーカイブファイルを作成・展開する方法を紹介します。

　複数のファイルや、ディレクトリー以下にあるファイルを一つの「アーカイブファイル」にまとめると、バックアップとして保存しておいたり、メールに添付して送ったりするのに便利です（**図4**）。アーカイブファイルを作成するには、「tar」コマンドや「zip」コマンドを使います。

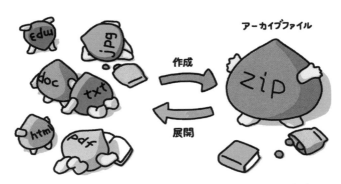

図4　アーカイブファイルはファイルを一つにまとめたもの

tarコマンドでtar形式のアーカイブファイルを作成するには、「c」(create、つまりアーカイブの作成)と「f」(file、つまりアーカイブファイル名の指定)オプション、アーカイブファイル名、アーカイブファイルに格納するファイルやディレクトリーを引数に指定して実行します。例えば、ディレクトリー「/var/log」以下を「var-log-今日の日付.tar」というアーカイブファイルにまとめるには、次のように実行します。

```
$ sudo tar cf var-log-$(date +%Y%m%d).tar /var/log 🔲
tar: メンバ名から先頭の `/' を取り除きます
```

ただし、tar形式は圧縮していないため、ファイルサイズが大きくなります。圧縮するには、「gzip」形式の場合「z」、「bzip2」形式の場合「j」、「xz」形式の場合「J」オプションを合わせて指定します。それぞれの実行例を示します[19]。

```
■「gzip」形式で圧縮
$ sudo tar cfz var-log-$(date +%Y%m%d).tgz /var/log 🔲
■「bzip2」形式で圧縮
$ sudo tar cfj var-log-$(date +%Y%m%d).tbz /var/log 🔲
■「xz」形式で圧縮
$ sudo tar cfJ var-log-$(date +%Y%m%d).txz /var/log 🔲
```

ファイルサイズを見ると、xz、bzip2、gzipの順に圧縮率が高いようです。ただし、圧縮率が高くなるほど圧縮や展開に時間がかかるため、用途や目的に応じて使い分けたほうがよいように思います。

```
$ ls -lSr var-log-20210601.* 🔲
-rw-r--r--. 1 root root     546968 6月  1 16:58 var-log-20210601.txz
-rw-r--r--. 1 root root     930091 6月  1 16:58 var-log-20210601.tbz
-rw-r--r--. 1 root root    1294576 6月  1 16:58 var-log-20210601.tgz
-rw-r--r--. 1 root root   11560960 6月  1 16:15 var-log-20210601.tar
```
                    ファイルサイズ   アーカイブファイルの拡張子

----

[19]　圧縮後のアーカイブファイルの拡張子ですが、tar+gzipの場合は「tgz」や「tar.gz」、tar+bzip2の場合は「tbz」や「tar.bz2」、tar+xzの場合は「txz」や「tar.xz」が用いられるようです。

アーカイブファイルの内容を確認するには、「t」（list、つまり格納されている
ファイル名の出力）オプションと「f」オプション、アーカイブファイルを引数
に指定して実行します。

```
$ tar tf var-log-20210601.txz ⏎
var/log/
var/log/lastlog
var/log/private/
var/log/wtmp
（略）
```

　各ファイルの詳細情報も確認したい場合は、「v」オプションも指定します。

```
$ tar tvf var-log-20210601.tbz ⏎
drwxr-xr-x root/root           0 2021-05-22 08:50 var/log/
-rw-rw-r-- root/utmp      292876 2021-06-01 10:27 var/log/lastlog
drwx------ root/root           0 2021-03-28 11:04 var/log/private/
-rw-rw-r-- root/utmp       37632 2021-06-01 12:30 var/log/wtmp
（略）
```

　なお、vオプションはtオプション以外のオプションでも指定できます。
　アーカイブファイルを展開するには、「x」（extract、つまり展開）オプショ
ンとfオプション、アーカイブファイルを引数に指定して実行します。ファイ
ルはカレントディレクトリーに展開されます。

```
$ tar xvf var-log-20210601.tgz ⏎
var/log/
var/log/lastlog
var/log/private/
var/log/wtmp
（略）
```

　特定のファイルやディレクトリーだけを展開するには、アーカイブファイル
の後に展開したいファイルやディレクトリーを指定します。例えば、「var/log/
dnf」で始まるファイルだけを展開するには、次のように実行します。

```
$ tar xvf var-log-20210601.tar var/log/dnf*
var/log/dnf.log
var/log/dnf.librepo.log
var/log/dnf.rpm.log
```

　zip 形式のアーカイブファイル（ZIP ファイル）を作成するには、「zip」コマンドを使います。「-r」オプションとアーカイブファイル、アーカイブファイルに格納するファイルやディレクトリーを引数に指定して実行します。

```
$ sudo zip -r var-log-$(date +%Y%m%d).zip /var/log
  adding: var/log/ (stored 0%)
  adding: var/log/lastlog (deflated 100%)
  adding: var/log/private/ (stored 0%)
  adding: var/log/wtmp (deflated 96%)
（略）
```

　「-e」オプションも指定すると暗号化できます。暗号化するにはパスワードの設定が必要です。パスワードを2回聞かれるので、同じパスワードを入力します。

```
$ sudo zip -er var-log-$(date +%Y%m%d).zip /var/log
Enter password: ←パスワード（非表示）を入力して [Enter] キーを押す
Verify password: ←パスワード（非表示）を入力して [Enter] キーを押す
（略）
```

　ZIP ファイルの内容を確認するには、「unzip」コマンドを使います。「-l」オプションと ZIP ファイルを引数に指定して実行します。

```
$ unzip -l var-log-20210601.zip
Archive:  var-log-20210601.zip
  Length      Date    Time    Name
---------  ---------- -----    ----
        0  05-22-2021 08:50    var/log/
   292876  06-01-2021 10:27    var/log/lastlog
        0  03-28-2021 11:04    var/log/private/
    37632  06-01-2021 12:30    var/log/wtmp
（略）
    64427  05-24-2021 06:01    var/log/Xorg.1.log
```

```
---------                    -------
 11526048                    66 files
```

　ZIPファイルを展開するには、オプションなしでunzipコマンドを実行します。
暗号化している場合はパスワードを聞かれるため、設定したパスワードを入力
します。

```
$ unzip var-log-20210601.zip ⏎
Archive:  var-log-20210601.zip
   creating: var/log/
[var-log-20210601.zip] var/log/lastlog password:  ←パスワード（非表示）を入力し
   inflating: var/log/lastlog                                て [Enter] キーを押す
   creating: var/log/private/
   inflating: var/log/wtmp
(略)
```

　tarコマンドと同様、ZIPファイルの後に展開したいファイルを指定すると、
指定したファイルだけ展開します。

```
$ unzip var-log-20210601.zip var/log/dnf* ⏎
Archive:  var-log-20210601.zip
   inflating: var/log/dnf.log
   inflating: var/log/dnf.librepo.log
   inflating: var/log/dnf.rpm.log
```

第 10 章の復習

◆「スーパーユーザー」とは、管理者権限を得てコマンドを実行できるユーザーのことです。管理者権限を得る方法は、rootユーザーのパスワードを使って「su」コマンドを実行するか、(RHEL 8の場合)「wheel」グループに所属して「sudo」コマンドを実行するかのいずれかです。

◆スーパーユーザーの日々の仕事には、ユーザーとグループの管理、システムの監視などがあります。

◆システムリソースの不足などの問題に対しては、「free」や「vmstat」などのシステム系のコマンドで確認します。サービスに関しては「systemctl」コマンドで動作状況を確認します。何らかの異常が発生したときは各種のシステムログを参照して原因を探っていきます。

◆現在はシステムの巨大化や自動化などを背景に、スーパーユーザーの日々の仕事としてバックアップを取る重要性は薄れてきています。けれども、圧縮技術を使って重要なディレクトリーやファイルのバックアップを取っておく方法は、知っておいたほうがよいでしょう。

シェルスクリプトを
作って一括で処理しよう

　シェルは、コマンドラインで入力されたコマンドを読み取り、解釈して実行するだけでなく、テキストファイルに書かれたコマンドを1行ずつ読み取って実行することもできます。このファイルのことを「シェルスクリプト」と呼びます*1。

　多数のオプションを指定したり、複数のパイプでつないだりするような複雑な処理を行いたいとき、コマンドラインが長く、複雑になって入力するのが面倒です。そのようなコマンドラインをシェルスクリプトにすると、長く、複雑なコマンドラインをいちいち入力しなくても済むようになります。作ったシェルスクリプトをほかの人が利用できるようにしておくと、自分以外の人もその便利さの恩恵を受けられます。また、もし再利用されない場合でも、そのシェルスクリプトに書かれている処理が、ほかのシェルスクリプトを作るときの参

....

*1 「スクリプト」とは、簡易なコンピュータプログラムのことです。C言語などで作成されたプログラムを実行するにはコンパイルやリンクが必要ですが、スクリプトの場合はそのまま実行できます（あるいはユーザーがコンパイルやリンクを行う必要がありません）。

考になることがあります^{＊2}。

　実際、コマンドの中には、シェルスクリプトであるものが少なからずあります。また、コマンドでなくても、何かをきっかけとして行われる処理にシェルスクリプトが用いられていることもあります^{＊3}。

　そこで第11章では、シェルスクリプトの作り方と、シェルスクリプトでよく使われる機能について説明します。

＊2　ほかの（自分よりも熟練の）人の書いたプログラムを真似る（参考にする）ことは、有効なプログラミングの学習方法の一つです。
＊3　例えば、「cron」というサービスを使って、1日に1回、シェルスクリプトである「/etc/cron.daily/logrotate」が実行されます。これにより、10-2で説明したログのローテーションが行われます。

11-1 シェルスクリプトの基本

まずは、シェルスクリプトの基本的な構成と書き方について説明します。

11-1-1 基本的な構成と実行の仕方

シェルスクリプトはテキスト形式で、コマンドラインに入力するのと同じように、オプションなどの引数と共にコマンドを書きます。例えば「Hello!」という文字列を出力するには、「echo Hello!」をコマンドラインに入力して実行します。

```
$ echo Hello! ⏎
Hello!
```

この「echo Hello!」とだけ書かれたテキストファイルを作り、「hello.sh」というファイル名で保存してみましょう。なお、テキストエディタを使わなくても、下記のようにリダイレクトを使うことでファイルを作成できます。

```
$ echo echo Hello! > hello.sh ⏎
```

実行される内容は単純ですが、これもれっきとしたシェルスクリプトです。シェルスクリプトを実行するには、「bash」コマンドの引数にシェルスクリプトを指定して実行します。「hello.sh」を指定して実行すると、コマンドラインに入力したときと同じ結果が得られます（厳密には、今のコマンドラインで実行するのではなく、起動した bash コマンドがスクリプトを実行しています）。

```
$ bash hello.sh ⏎
Hello!
```

chmod コマンドで実行のパーミッションを付与することで、シェルスクリプ

トを直接実行することもできます。

```
$ chmod a+x hello.sh ⏎
$ ./hello.sh ⏎
```

　ただ、このシェルスクリプトはシェルからしか実行できません[*4]。シェル以外からも実行できるようにするには、「シバン」（または「シェバン」、英語で「shebang」）という「#!」で始まる1行を先頭に追加します。Linuxカーネルは、最初の行が「#!」で始まる場合、その後に続くパスを実行し、実行したコマンドにスクリプトを解釈させます[*5]。このため、シェルスクリプトの場合は、下記の1行を先頭に追加します[*6]。

```
#!/bin/bash
```

　つまり、先ほどの「hello.sh」を次のように修正します。

```
#!/bin/bash
echo Hello!
```

　ちなみに、内部コマンド「source」（または「.」）を使ってシェルスクリプトを呼び出すと、今のシェルのコマンドラインで解釈して実行します。例えば、次のシェルスクリプトを「hellovar.sh」というファイル名で作成してください。

```
#!/bin/bash
hello_var="Hello!"
```

第11章

＊4　例えば、システムコールをトレースする「strace」コマンドを介して実行すると、「実行形式エラー」となって実行できません（ニッチな例ですが…）。
＊5　シバンを使ってシェル以外のスクリプトも実行できます。例えば、AWKスクリプトなら「#!/usr/bin/awk -f」、sedスクリプトなら「#!/usr/bin/sed -f」です。
＊6　bashのない古い環境や組み込み環境でも動作するよう「#!/bin/sh」としたほうがよいという考えもあります。本書ではbashの動作する環境を対象とし、bashで動くコマンドやbashの機能を説明しているため、「#!/bin/bash」を指定しています。

このシェルスクリプトを、次のように直接実行しても、代入した変数はシェルスクリプトの中でしか有効にならないため、実行後にコマンドラインで参照しても未定義です。

```
$ ./hellovar.sh ⏎
$ echo $hello_var ⏎
```

けれども、source コマンドで実行すると、今のシェルで変数の代入が実行されるため、実行後に参照すると定義されています。

```
$ source hellovar.sh ⏎
$ echo $hello_var ⏎
Hello!
```

11-1-2 変数と変数展開

ここからは、シェルスクリプトでよく使うシェルの機能について説明します。シェルの機能は、コマンドラインでもシェルスクリプトでも実行できるため、以降では、シェルスクリプトの形式にこだわらず、わかりやすいほうで実行例を示します。

bash の変数については、9-2 で説明しましたが、シェルスクリプトの中でも、シェル変数と環境変数は同じように使えます。シェルスクリプトで設定したシェル変数は、シェルスクリプトだけで有効です。シェルスクリプトで設定した環境変数は、シェルスクリプト自身と、シェルスクリプトから起動するコマンドで有効です。

変数は、先頭に「$」を付けることで参照できます。変数名を波かっこの「{」と「}」で囲んで変数名の範囲を明示的に示すこともできます。さらに、変数の値を置換したり代入したりすることもできます。これらを「変数展開」と言います。主な変数展開を**表1**に示します。

書式	意味
${var}	変数「var」の値に置換
${var:-value}	変数「var」が設定されていなければ「value」に置換
${var:=value}	変数「var」が設定されていなければ「var」に「value」を代入し、「var」の値に置換
${var:?error}	変数「var」が設定されていないか空ならエラー（「error」）を出力
${var:+value}	変数「var」が設定されていれば「value」に置換
${var:offset}	変数「var」の「offset」位置から末尾までの部分文字列に置換
${var:offset:length}	変数「var」の「offset」位置から length 文字までの部分文字列に置換
${var#pattern}	変数「var」から「pattern」に前方一致した部分を取り除いた値に置換（最短一致）
${var##pattern}	変数「var」から「pattern」に前方一致した部分を取り除いた値に置換（最長一致）
${var%pattern}	変数「var」から「pattern」に後方一致した部分を取り除いた値に置換（最短一致）
${var%%pattern}	変数「var」から「pattern」に後方一致した部分を取り除いた値に置換（最長一致）

表1 主な「変数展開」

例えば、「ps aux」の出力結果をページャーで確認するには、次のように実行します。

```
$ ps aux | ${PAGER:-less} ⏎
```

「${PAGER:-less}」は、変数「PAGER」が設定されていればその値、設定されていなければ「less」に置き換わります。ユーザーが、自分の好みの「PAGER」を設定していればそのページャーで閲覧しますし、未設定であればデフォルトの less コマンドで閲覧します。

8-1 で説明したパス名展開と同じパターンを指定して、前方一致または後方一致した部分を取り除くことができます。具体的に、カレントディレクトリーが格納された変数「PWD」に対して、パターンを指定して文字列を取り除くことを考えてみましょう。ここでは、カレントディレクトリーを「/home/usu/ドキュメント」と想定します。

例えば、削除する文字列のパターンを、「/*/」とします。このパターンでは、最初と最後が「/」で、間に任意の「0 個以上の文字」を含む文字列にマッチします。このため、想定したカレントディレクトリーに対して前方一致でマッチする文

字列は、「/home/」または「/home/usu/」の二つです。これらが、取り除かれる文字列の候補になります。

では、**表3**の書式に合わせて、「${PWD#/*/}」と指定して変数展開してみましょう。変数展開した値は、「echo」コマンドを使って画面に出力させます。実行結果は、次の通りです。

```
$ echo ${PWD#/*/} 🔲
usu/ドキュメント
```

二つあった取り除かれる文字列の候補のうち、「/home/」のほうが取り除かれたことがわかります。この理由は、「${PWD#/*/}」の場合、マッチする候補のうち最も短い文字列が選択されるためです。このことを「最短一致」と呼びます。

では、「${PWD##/*/}」と指定すると、どういう結果になるでしょうか。次に実行結果を示します。

```
$ echo ${PWD##/*/} 🔲
ドキュメント
```

今度は、二つの候補のうち「/home/usu/」のほうが取り除かれました。この理由は、「${PWD##/*/}」の場合、マッチする候補のうち最も長い文字列が選択されるからです。このことを「最長一致」と呼びます。

なお「#」と「##」の代わりに「%」と「%%」を指定すると、後方一致する部分が取り除かれます。例えば、文字列「/home/usu/ドキュメント/」に対してパターン「/*/」を指定した場合、最短一致のときは「/ドキュメント/」、最長一致のときは「/home/usu/ドキュメント/」がマッチします（取り除かれます）。

もう一つ例を示します。「/etc/mime.types」というファイルは、データの型式名である「MIMEタイプ」という名前と、ファイルの拡張子の対応を定義したテキストファイルです。

```
$ cat /etc/mime.types 🔲
```

```
(略)
text/html                                         html htm
# text/javascript obsoleted by application/javascript
text/jcr-cnd                                      cnd
text/markdown                                     markdown md
(略)
```

　これを MIME タイプと拡張子を「,」で区切ったテキストファイルへ変換する
には、次のように実行します。

```
$ cp -p /etc/mime.types . ⏎
$ FILE=mime.types ⏎
$ grep '^[a-z]' $FILE | sed 's/\s\+/,/g' > ${FILE%.types}.csv ⏎
```

　まず、カレントディレクトリーにコピーした「mime.types」というファイル
名を、変数「FILE」に格納しています。次に、「grep」コマンドで意味のある
行 (MIME タイプ名で始まる行) だけを抜き出し、「sed」コマンドで複数のスペー
スやタブを「,」に変換しています。最後に、出力結果をリダイレクトで「${FILE%.
types}.csv」というファイルに出力しています[7]。
　具体的には、拡張子「types」を「csv」に置き換えたファイル名に出力して
います。「${FILE%.types}」は、変数 FILE の後方に「.types」があれば取り除
くという意味なので、処理した結果「mime」になります。このため、「${FILE%.
types}.csv」は「mime.csv」というファイル名になります。

```
$ cat mime.csv ⏎
(略)
text/html,html,htm
text/jcr-cnd,cnd
text/markdown,markdown,md
(略)
```

第11章

....
＊7　「${FILE%types}csv」と表してもよいですが、「.」があるほうがわかりやすいと思い、「${FILE%.
types}.csv」としました。

11-1-3 条件分岐

　プログラムを作っていると、条件によって処理を変える必要が、必ずと言ってよいほど出てきます。例えば、必要なディレクトリーが存在しなければ作成する（既に存在するなら作成しない）、あるコマンドの実行に失敗したらメッセージを出力して以降の処理をしないなどです。この処理を「条件分岐」と言います。ここでは、条件文に使用する「if」文と「case」文を紹介します。

　まずは if 文です。if 文の書式は次の通りです。

```
■条件が成立したときに処理するシンプルな書式
if <command>
then
     <command の終了ステータスが「0」のときの処理>
fi
■ if 〜 then を 1 行にした書式
if <command>; then
     <command の終了ステータスが「0」のときの処理>
fi
■条件が成立しなかったときの処理も行う際の書式
if <command>; then
     <command の終了ステータスが「0」のときの処理>
else
     <command の終了ステータスが「0 以外」のときの処理>
fi
■条件が複数ある場合の書式
if <command1>; then
     <command1 の終了ステータスが「0」のときの処理>
elif <command2>; then
     <command2 の終了ステータスが「0」のときの処理>
(略)
else
     <すべての command の終了ステータスが「0 以外」のときの処理>
fi
```

　「<command>」に指定したコマンドの終了ステータスが「0」のとき、「then」の後の処理が実行されます。それぞれの処理は複数指定できます。例えば、「/tmp/workdir」というディレクトリーの作成に成功したらメッセージを出力するシェルスクリプトは、次のようになります。

```
#!/bin/bash
if mkdir /tmp/workdir; then  ←①
    echo "/tmp/workdir: 作成しました"  ←②
fi
```

① mkdir コマンドの実行が成功すれば（終了ステータスが「0」なら）②を実行
② 作成した旨のメッセージを出力

　これを「mkworkdir.sh」というファイル名で保存し、次のように実行すると、
ディレクトリーが作成され、メッセージが出力されます。

```
$ chmod a+x mkworkdir.sh ⏎
$ ./mkworkdir.sh ⏎
/tmp/workdir: 作成しました
```

　既にディレクトリーがあるなど、「mkdir」コマンドの実行に失敗すると、
mkdir コマンドのエラーメッセージが出力され、シェルスクリプトのメッセー
ジは出力されません。

```
$ ./mkworkdir.sh ⏎
mkdir: ディレクトリ `/tmp/workdir' を作成できません : ファイルが存在します
```

　なお、if文を使わなくても、「&&」を使って同じ処理を実行できます。

```
#!/bin/bash
mkdir /tmp/workdir && echo "/tmp/workdir: 作成しました"
```

　条件に指定する「<command>」ですが、プログラミング言語の if 文のよう
に、文字列や数の比較、ファイルやディレクトリーの有無などを評価するには、
内部コマンド「test」または「[」を使います。「条件式」を引数に指定して、条
件式が成立すれば「真」と判定されて終了ステータス「0」、成立しなければ「偽」
と判定されて「0 以外」を返します。これらのコマンドで使える主な条件式を
表2 に示します。なお、[コマンドの場合、引数の最後に「]」を指定する必要

があります。

条件式	意味
-d dir	「dir」がディレクトリーなら真（終了ステータスが「0」、以下同様）
-e file	「file」が存在すれば真
-f file	「file」が通常のファイルなら真
-x file	「file」が存在し実行可能なら真
-z str	「str」の長さが「0」なら真
-n str	「str」の長さが「1以上」なら真
str1 = str2	「str1」と「str2」が同じ文字列なら真
str1 != str2	「str1」と「str2」が異なる文字列なら真
n1 -eq n2	整数「n1」と整数「n2」が等しければ真
n1 -ne n2	整数「n1」と整数「n2」が等しくなければ真
n1 -lt n2	整数「n1」が整数「n2」よりも小さければ真
n1 -le n2	整数「n1」が整数「n2」と同じか小さければ真
n1 -gt n2	整数「n1」が整数「n2」よりも大きければ真
n1 -ge n2	整数「n1」が整数「n2」と同じか大きければ真
! cond	条件式「cond」が偽なら真
cond1 -a cond2	条件式「cond1」と条件式「cond2」が両方とも真なら真
cond1 -o cond2	条件式「cond1」と条件式「cond2」のどちらかが真なら真

表2　「test」コマンドや「[」コマンドの主な条件式

　先ほどのシェルスクリプトの mkworkdir.sh の実行例では、mkdir コマンド
を実行した結果から条件分岐していましたが、次のようにディレクトリーの有
無を基に条件分岐すると、コマンドを余計に実行しなくて済みます。

```
#!/bin/bash
WORKDIR=/tmp/workdir  ←①
if [ ! -d $WORKDIR ]; then  ←②
    mkdir $WORKDIR && echo "$WORKDIR: 作成しました"  ←③
else
    echo "$WORKDIR: 既に存在しますね"  ←④
fi
```

① 各所で「/tmp/workdir」を使うため変数に代入しておく（「/tmp/workdir」が4カ所出てく
　るため、後でディレクトリーを変更したくなったときや入力ミスの防止のため、変数「WORKDIR
　」を使いました）
② ディレクトリーが存在しなければ③を実行
③ ディレクトリーを作成し、その旨のメッセージを出力

④ ディレクトリーが存在する旨のメッセージを出力

　別の例を示します。次のシェルスクリプトでは、テキストエディタの vim を
誰かが実行中かどうかを確認します。

```
#!/bin/bash
nr=$(ps -C vim -o pid --no-headers | wc -l)   ← vim のプロセス数をカウント
if [ $nr -gt 0 ]; then   ←カウントした数が「0」より大きければ 4 行目を実行
    echo "vim のプロセス数は ${nr} です "   ←プロセス数を出力
else
    echo "vim を実行している人はいません "   ←誰も実行していない旨のメッセージを出力
fi
```

　2 行目では、コマンド置換を使って vim のプロセス数をカウントし、変数「nr」
に格納しています。3 行目では、if 文で nr の数が「0 より大きければ」という
条件式を指定しています。この条件式が真なら 4 行目で vim のプロセス数を出
力し、条件式が偽なら 6 行目でプロセスがない旨のメッセージを出力します。
　条件によって処理が細かく分かれる場合や、文字列のパターンをいくつか
チェックする場合は、「case」文を使うと便利です。case 文の書式を次に示し
ます。

```
■ case 文の書式
case <str> in
  <pattern1>)
    <<pattern1> にマッチしたときの処理>
    ;;
  <pattern2>)
    <<pattern2> にマッチしたときの処理>
    ;;
  (略)
esac
```

　それぞれの「<pattern数字>」にパターンを指定し、8-1 で解説した「パス
名展開」と同じ規則でマッチするかどうか確認します。マッチする場合、パター
ンの直後から「;;」までに指定された処理を実行します。なお、パターンを「|」
で区切って複数指定することもできます。

case 文を使ったシェルスクリプトの例を示します。次は「/proc/loadavg」
の CPU 負荷に応じてメッセージを出力するシェルスクリプトです。

```
#!/bin/bash
avg=$(cut -d" " -f1 /proc/loadavg)  ←①
case "$avg" in  ←②
  0.0*) echo "暇です ($avg)";;  ←③
  0.[1-4]*) echo "ちょっと仕事しています ($avg)";;  ←④
  0.[5-9]*) echo "ちょっと忙しいです ($avg)";;  ←⑤
  1.*) echo "そこそこ忙しいです ($avg)";;  ←⑥
  [2-4].*) echo "結構忙しいです ($avg)";;  ←⑦
  *) echo "誰か助けて〜 ($avg)";;  ←⑧
esac

① /proc/loadavg の最初の値を取得
② その値に応じて処理
③ 「0.09 以下」ならメッセージを出力
④ 「0.1 〜 0.5 未満」ならメッセージを出力
⑤ 「0.5 〜 1.0 未満」ならメッセージを出力
⑥ 「1.0 〜 2.0 未満」ならメッセージを出力
⑦ 「2.0 〜 5.0 未満」ならメッセージを出力
⑧ どれにも当てはまらない（5.0 以上）ならメッセージを出力
```

　2行目で直近の1分間の CPU 負荷を取得し、変数「avg」に格納しています。
3行目では、case 文に変数 avg の値を指定しています。なお、「$avg」を「"」
で囲っているのは、avg の値が空でも、空の文字列を指定していると判断して
もらうためです[*8]。case 文では文字列のパターンのマッチングを行うため、4
〜9行目で指定している条件は、数値の比較ではなく、パターンで示しています。
9行目の最後のパターンを「*」としていますが、これは任意の0文字以上の文
字列とマッチするため、9行目より前のいずれのパターンにもマッチしなかっ
た場合の処理をここで行うことになります。
　このシェルスクリプトを「checkload.sh」というファイル名で保存して実行
すると、CPU 負荷に応じてメッセージを出力します。

＊8　変数「avg」が空になる可能性は、「/proc/loadavg」が意図しない内容か、cut コマンドが
正しく動作しなかったときなので、個人的には無視できるくらい低いと思います。けれども念のた
め「"」で囲む癖をつけておくとよいと思います。

```
$ ./checkload.sh ⏎
暇です (0.06)
```

CPU 負荷が低いうちは、上記の実行例のように「暇です」や「ちょっと仕事しています」という程度ですが、「0.5 以上」になると、メッセージが「ちょっと忙しいです」や「そこそこ忙しいです」となります。「2.0 以上」で「結構忙しいです」、「5.0 以上」で「誰か助けて〜」になります[*9]。

11-1-4 ループ

条件分岐だけでなく、ある回数繰り返し実行したり、複数のファイルに同じ処理を行ったりする「ループ」が必要になることが多くあります。ここでは、ループを実現する「for」と「while」（「until」）を紹介します。

まずは for 文です。for 文の書式は次の通りです[*10]。

```
■ for 文の書式
for <var> in <word1> <word2>...
do
  < 処理 >
done

または

for <var> in <word1> <word2>...; do
  < 処理 >
done
```

for 文は、指定されたリストのそれぞれの単語「<word数字>」ごとに、「< 処理 >」を実行します。例えば、カレントディレクトリーに「0」〜「9」のディレクトリーを作り、さらに、それぞれのディレクトリーの下に「a」〜「z」のディレクトリーを作成するには、for 文と 9-1 で解説した「ブレース展開」を使って次のよう

[*9] 動作確認のため CPU 負荷を意図的に上げるには、「yes > /dev/null」のような実行し続けるコマンドをバックグラウンドで複数起動します。
[*10] C 言語の for 文のように、「for ((初期化 ; 継続条件 ; 更新)); do」という書式もありますが、実際にはほとんど見かけないため、本書では説明を省きます。

に実行します[*11]。

```
$ for dir in {0..9}; do 🔲    ←変数「dir」に「0」〜「9」を順に代入
> mkdir -p $dir/{a..z} 🔲    ←「0」〜「9」のディレクトリーと、その下に「a」〜「z」のディ
> done 🔲                                                  レクトリーを作成
```

「0」〜「9」のディレクトリーそれぞれに「a」〜「z」のディレクトリーが作成されていることがわかります。

```
$ ls [0-9] 🔲
0:
a b c d e f g h i j k l m n o p q r s t u v w x y z

1:
a b c d e f g h i j k l m n o p q r s t u v w x y z
(略)
9:
a b c d e f g h i j k l m n o p q r s t u v w x y z
```

もう一つ例を示します。次のシェルスクリプトは、カレントディレクトリーにあるファイルそれぞれに対して、ファイルの種類に応じたディレクトリーへ移動させる処理を実行します。

```
#!/bin/bash
for file in *; do  ←①
    filetype="$(file -L $file)"  ←②
    case "$filetype" in  ←③
        *script*) mv "$file" script/;;  ←④
        *text*|*PDF*) mv "$file" doc/;;  ←⑤
        *audio*|*sound*) mv "$file" audio/;;  ←⑥
        *archive*|*compressed*) mv "$file" archive/;;  ←⑦
        *video*|*movie*) mv "$file" video/;;  ←⑧
        *image*) mv "$file" image/;;  ←⑨
        *directory*) echo "$file: 対象外です";;  ←⑩
```

....
[*11]　2、3行目のコマンドプロンプトが「>」になっていますが、これは9-2で解説した変数「PS2」で設定されている値です。

248

```
        *) echo "$file: 分かりません ...";;   ←⑪
    esac
done
```

① カレントディレクトリーの各ファイルに対して、以下の処理を実行
② file コマンドで種類を確認
③ file コマンドの出力結果によって処理を分岐
④ 「script」の文字列を含むなら、「script」ディレクトリーへ移動
⑤ 「text」または「PDF」の文字列を含むなら、「doc」ディレクトリーへ移動
⑥ 「audio」または「sound」の文字列を含むなら、「audio」ディレクトリーへ移動
⑦ 「archive」もしくは「compressed」の文字列を含むなら、「archive」ディレクトリーへ移動
⑧ 「video」または「movie」の文字列を含むなら、「video」ディレクトリーへ移動
⑨ 「image」の文字列を含むなら、「image」ディレクトリーへ移動
⑩ 「directory」の文字列を含むなら、メッセージを出力
⑪ どれにも当てはまらない場合は、メッセージを出力

　カレントディレクトリーのそれぞれのファイルに対して、「file」コマンドで
ファイルの種類を確認し、出力されたメッセージから分類（各ディレクトリー
へ移動）しています。
　次に、while 文と until 文です。while 文は、コマンドの終了ステータスが「0」
の間、指定した処理を実行し続けます。until 文は while 文の逆で、コマンドの
終了ステータスが「0 以外」の間、指定した処理を実行し続けます。必要な条
件が揃うまで待つ場合や、ファイルから 1 行ずつ読み込んで処理する場合によ
く使われます。while 文と until 文の書式を次に示します。

```
■ while 文の書式
while <command>
do
  <処理>
done

または

while <command>; do
  <処理>
done

■ until 文の書式
until <command>
```

```
do
    ＜処理＞
done
```

または

```
until ＜command＞; do
    ＜処理＞
done
```

　例えば、テキストの各行の単語数を数えるには、次のようなシェルスクリプトを使います。

```
#!/bin/bash
while read line; do  ←1行読み込み
    echo $line | wc -w  ←wc コマンドで単語数を出力
done
```

　2行目の「read」コマンドは、標準入力から1行読み込み、引数に指定された変数へ格納する内部コマンドです。複数の変数を引数に指定した場合は、単語ごとに変数へ格納し、最後の変数に残りすべてを格納します。ファイルの終わり「EOF（End Of File）」に達すると、「0以外」の終了コードを返します。ここでは変数「line」だけを引数に指定しているため、1行全体を line に格納します。3行目では、読み込んだ1行の単語数を「wc -w」でカウントします。

　これを「wcline.sh」というファイル名で保存し実行すると、次のようになります。

```
$ ./wcline.sh < /usr/share/doc/bash/README ⏎
6
0
11
7
（略）
0
13
2
```

もう一つ例を示します。CPU 負荷が「0.5」を下回るまでループするシェルスクリプトを、while 文を使って作成すると次のようになります。

```
#!/bin/bash
avg_real=$(cut -d" " -f1 /proc/loadavg)  ←①
avg=$(echo $avg_real | tr -d . | sed 's/^0*\([0-9]\)/\1/')  ←②
while [ "$avg" -gt 50 ]; do  ←③
    echo "CPU 負荷が下がるまで待っています ($avg_real)"  ←④
    sleep 5  ←⑤
    avg_real=$(cut -d" " -f1 /proc/loadavg)  ←⑥
    avg=$(echo $avg_real | tr -d . | sed 's/^0*\([0-9]\)/\1/')  ←⑦
done
echo "CPU 負荷が下がりました ($avg_real)"  ←⑧

① CPU 負荷を取得
② CPU 負荷を 100 倍して整数にする
③ 100 倍した値が「50」を超えているなら（CPU 負荷が「0.5」を超えているなら）ループする
④ メッセージの出力
⑤ 5 秒待つ
⑥ CPU 負荷を取得
⑦ CPU 負荷を 100 倍して整数にする
⑧ CPU 負荷が下がった旨のメッセージを出力
```

　2 行目で直近の 1 分間の CPU 負荷を取得し、3 行目でその値を 100 倍して整数値にしています[*12]。4 行目では、100 倍した値が「50」を超えている間、while 文でループするよう指示しています。ループ内では、5 行目でメッセージを出力し、6 行目の sleep コマンドで 5 秒待ちます。7 ～ 8 行目は 2 ～ 3 行目と同じで、CPU 負荷を再び取得しています。

　これを「waitload.sh」というファイル名で保存し、実行すると、次のようにCPU 負荷が「0.5 以下」になるまでメッセージを出力し続けます。

```
$ ./waitload.sh ⏎
CPU 負荷が下がるまで待っています（0.77）
CPU 負荷が下がるまで待っています（0.70）
（略）
```

＊12　tr コマンドで「.」を取り除き、sed コマンドで連続する「0」を削除しているのですが、結果的に 100 倍していることになります。

```
CPU 負荷が下がるまで待っています（0.55）
CPU 負荷が下がりました（0.50）
```

　for 文や while 文などのループで、処理を途中で止めてループから抜けるに
は、内部コマンド「break」を使います。例えば、次のように［Enter］キーが
押されるまで 10 秒待つシェルスクリプトでは、［Enter］キーが押されたときに
break コマンドでループから抜けています。

```
#!/bin/bash
echo "処理を止める場合は［Enter］キーを押してください"
for n in {9..0}; do  ←①
    echo -n "$n "  ←②
    [ $n -gt 0 ] && read -t 1 && break  ←③
done
[ $n -gt 0 ] && echo "中断しました" || echo  ←④
```

① for 文で「n」が「9」〜「0」ならループする
② 改行なしで「n」の値を出力
③ 「n」が「0」でなければ 1 秒入力を待ち、入力があれば（［Enter］キーが押されれば）break
　 する
④ 中断されていれば（「n」が「0」より大きいため）その旨のメッセージを出力

　ループを抜けるのではなく、今の処理を止めて次の処理に進めるには、内部
コマンド「continue」を使います。例えば、次のシェルスクリプトのように、
特定の条件（ディレクトリー）のときのみ処理する際に使います。

```
#!/bin/bash
for file in *; do  ←①
    [ -d "$file" ] || continue  ←②
    ls "$file"  ←③
    du -s "$file"  ←④
done
```

① カレントディレクトリーのすべてのファイルに対して、以下の処理を実行
② ディレクトリーでなければ下記の処理を行わずに次のループを処理
③ 「ls」コマンドでディレクトリー内のファイルを出力
④ 「du」コマンドでストレージの使用量を出力

11-1 では、シェルスクリプトでよく使う基本的な機能とその例を示しました。次に、複雑な処理を行うシェルスクリプトを作る際に有用となる機能を、いくつか紹介します。

11-2-1 引数（位置・特殊パラメーター）

コマンドを実行するときには、大抵引数を指定します。シェルスクリプトでも、処理してほしいことを引数で指定できると、シェルスクリプトの活躍できる幅が広がります。もちろん、シェルスクリプトでも引数を指定できます。指定した引数は「$0」「$1」「$2」「$3」「$*」「$@」「$#」といったさまざまな変数に格納されます。これらの変数は「位置パラメーター」と「特殊パラメーター」の2種類に分類されます（**図1**）。

図1 「位置パラメーター」や「特殊パラメーター」から引数の情報を得る

これらの主なパラメーターを**表3**に示します。いずれも参照はできますが、代入はできません。

変数	意味
位置パラメーター	
$数字	「数字」番目の引数（1桁を超える場合は数字を「{」と「}」で囲む）
特殊パラメーター	
$0	シェルスクリプト自身
$*	1番目以降のすべての位置パラメーター（「"」で囲むと全体を囲む）
$@	1番目以降のすべての位置パラメーター（「"」で囲むと位置パラメーターごとに囲む）
$#	位置パラメーターの個数（引数の個数）
$?	最後にフォアグラウンドで実行されたコマンドの終了ステータス
$!	最後にバックグラウンドで実行されたコマンドのプロセスID
$$	シェルのプロセスID

表3　主な「位置パラメーター」と「特殊パラメーター」の変数

　位置パラメーターと特殊パラメーターを確認するシェルスクリプトを作って確認してみましょう。次は、変数に格納されている値を出力するだけのシェルスクリプトです。

```
#!/bin/bash
echo "引数全部：\"$@\""
echo "引数の個数：$#"
echo "自分自身：\"$0\""
echo "第1引数：\"$1\""
echo "第2引数：\"$2\""
echo "第10引数：\"${10}\""
```

　これを「showargs.sh」というファイル名で保存し、引数なしで実行すると、次のようになります。

```
$ ./showargs.sh ⏎
引数全部：""
引数の個数：0
自分自身："./showargs.sh"
第1引数：""
第2引数：""
第10引数：""
```

　「$0」にはシェルスクリプト自身である「./showargs.sh」が格納されています。

引数がないため、「$@」や「$1」などは空で、「$#」は「0」です。引数を指定して実行すると、次のようになります。

```
$ ./showargs.sh ひとつめ ⏎
引数全部："ひとつめ"
引数の個数：1
自分自身："./showargs.sh"
第1引数："ひとつめ"
第2引数：""
第10引数：""
$ ./showargs.sh 1 2 3 4 5 6 7 8 9 10 ⏎
引数全部："1 2 3 4 5 6 7 8 9 10
引数の個数：10
自分自身："./showargs.sh"
第1引数："1"
第2引数："2"
第10引数："10"
```

「$@」や「$1」などには引数が格納され、「$#」には引数の数が格納されています。

ところで、位置パラメーターすべてを表す特殊パラメーターには、「$*」と「$@」があります。違いは、「"」で囲ったときに、前者は全体を囲みますが、後者は位置パラメーターごとに囲むことです。具体的にどう違うのかを、先ほどの showargs.sh を呼び出す次のシェルスクリプトで確認してみます。

```
#!/bin/bash
echo "【①\$* で呼び出した場合】"
./showargs.sh $*   ←①「$*」を引数に指定して showargs.sh を実行
echo "【②\"\$*\" で呼び出した場合】"
./showargs.sh "$*"   ←②「"$*"」を引数に指定して showargs.sh を実行
echo "【③\$@ で呼び出した場合】"
./showargs.sh $@   ←③「$@」を引数に指定して showargs.sh を実行
echo "【④\"\$@\" で呼び出した場合】"
./showargs.sh "$@"   ←④「"$@"」を引数に指定して showargs.sh を実行
```

「callargs.sh」というファイル名で保存し、スペースを含む文字列を引数に指定して実行すると、次のようになります。引数の個数と第1引数、第2引数の

出力のみ示し、他の出力は省略しています。

```
$ ./callargs.sh "a b" "c d" ⏎
【① $* で呼び出した場合】
引数の個数 : 4
第 1 引数 : "a"
第 2 引数 : "b"
【② "$*" で呼び出した場合】
引数の個数 : 1
第 1 引数 : "a b c d"
第 2 引数 : ""
【③ $@ で呼び出した場合】
引数の個数 : 4
第 1 引数 : "a"
第 2 引数 : "b"
【④ "$@" で呼び出した場合】
引数の個数 : 2
第 1 引数 : "a b"
第 2 引数 : "c d"
```

「a b」と「c d」の二つの引数を指定しましたが、「"」で囲まずに呼び出した
①と③では展開されてバラバラの引数とみなされてしまいました。②では「$*」
を「"」で囲みましたが、引数全体を囲むため、「a b c d」という一つの引数と
みなされました。最後の④では、「$@」を「"」で囲みましたが、個々の引数を「"」
で囲むため、引数が正しく渡りました。以上のことから、別のコマンドに引数
をそのまま渡すときは、「"$@"」を使うと正しく伝わることがわかります。

また、たくさんの引数を for 文などで処理するときは、内部コマンド「shift」
を使うと便利です。shift コマンドは、第 1 引数を取り除き、第 2 引数を第 1 引
数に、第 3 引数を第 2 引数に…と引数を一つずつ順にシフトします（**図 2**）。

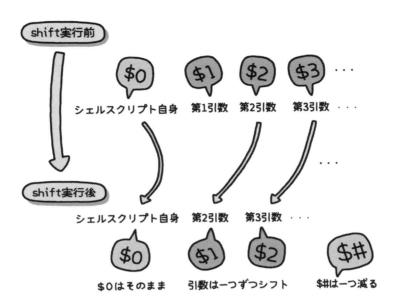

図2 「shift」コマンドの処理

引数が一つ減るため「$#」も一つ減ります。次に例を示します。

```
#!/bin/bash
while [ $# -gt 0 ]; do   ←引数がある限りループ
    echo "【$1】"   ←ファイル名を出力
    file "$1"   ← file コマンドを実行
    md5sum "$1"   ← md5sum コマンドを実行
    shift   ← shift コマンドで引数をシフト（第1引数を取り除く）
done
```

引数に指定されたファイルそれぞれに対して、file コマンドと「md5sum」コマンドを実行するシェルスクリプトです。ループ内の処理の最後（6行目）で shift コマンドを実行することで、処理し終えた第1引数を取り除いています。

このシェルスクリプトのファイル名を「showinfo.sh」として実行すると、次のように動作します。

```
$ ./showinfo.sh /bin/bash /etc/passwd zshift.sh ⏎
```

```
【/bin/bash】
/bin/bash: ELF 64-bit LSB shared object, x86-64, version 1 (SYSV), dynamica
lly linked, interpreter /lib64/ld-linux-x86-64.so.2, for GNU/Linux 3.2.0,
BuildID[sha1]=d6860cc6bde275862ffc23fd60a7c1e2507c818f, stripped
bbd4b2630bd8f8a151d4c49c3dcfddb5  /bin/bash
【/etc/passwd】
/etc/passwd: ASCII text
7c02547e88f020b957e05f5d10edd4c9  /etc/passwd
【showinfo.sh】
showinfo.sh: Bourne-Again shell script, UTF-8 Unicode text executable
685f68b68d16441fd57a6b361ae4b94e  showinfo.sh
```

11-2-2 関数（シェル関数）

　一般的なプログラミング言語では、まとまった処理を「関数」として定義することで、重複する処理をまとめたり、ソースコードをわかりやすくしたりできます。シェルでも関数を定義して呼び出すことができ、「シェル関数」と言います。シェル関数の書式を次に示します。function は省略可能で、function を省略しない場合は「( )」を省略できます。

```
■シェル関数の書式
function <name>() {
    <処理>
}

または

<name>() {
    <処理>
}
```

　シェル関数を呼び出すには、コマンドと同じように関数名を指定します。
　例えば、「Hello!」と出力するだけの「hello」というシェル関数を定義して、hello を呼び出すシェルスクリプトは、次のようになります。

```
#!/bin/bash
function hello() {  ←シェル関数「hello」の定義
    echo Hello!
```

```
}
hello  ←シェル関数「hello」の呼び出し
```

　関数も、コマンドと同じく位置パラメーターを使って引数を受け取ることが
できます。

```
#!/bin/bash
function hello() {
    echo Hello, $1!  ←第1引数を合わせて出力
}
[ -n "$1" ] && hello "$1"  ←（シェルスクリプトの）第1引数が空でなければ、第1引数
                                            を引数に指定してhelloを呼び出す
```

　これを「hello.sh」というファイル名で保存して実行すると、次の出力が得ら
れます。

```
$ ./hello.sh Rachael 
Hello, Rachael!
```

　内部コマンド「return」を使って、関数の終了ステータスを返すこともでき
ます。returnコマンドを使った例を示します。次のシェルスクリプトは、引数
に指定したファイルが、最後に編集してから1日以上経過していれば、メッセー
ジを出力します。

```
#!/bin/bash
function isold() {  ←①
  mtime=$(ls -ld --time-style=+%s "$1" | cut -d" " -f6)  ←②
  now=$(date +%s)  ←③
  diff=$(($now - $mtime))  ←④
  echo $diff  ←⑤
  [ $diff -ge $2 ] && return 0 || return 1  ←⑥
}

while [ $# -gt 0 ]; do  ←⑦
  dtime=$(isold "$1" 86400) && echo "$1: 1日以上古いです（${dtime}秒）"  ←⑧
```

```
    shift
done
```

① 関数「isold」の定義
② ファイルの最終編集日時を秒で得る
③ 現在時刻を秒で得る
④ 上記の差（秒）を求める
⑤ 差を出力する
⑥ 差が第2引数以上なら「0」、未満なら「1」を終了ステータスとして返す
⑦ 引数に指定されたファイルそれぞれに対して、以下の処理を実行
⑧ 最後に編集してから1日以上経っていれば、その旨を出力

　関数「isold」は、第1引数で指定されたファイルの最終編集日時を取得し、現在の時刻との差が第2引数の秒数以上であれば、終了ステータス「0」を返します。また、isold では差の値も出力しています。isold の呼び出し元では、終了ステータスと出力の双方を利用しています。

11-2-3 シェルスクリプトのデバッグ

　作ったシェルスクリプトが思ったように動かないという問題は、ほかのプログラミング言語でプログラムを作るときと同じく、頻繁に起こります。プログラムの中で問題を引き起こしている箇所を「バグ」と呼び、このバグを見つけ出す作業のことを「デバッグ」と呼びます。シェルスクリプトをデバッグするには、「-x」オプションを付けて bash コマンドを実行します。「-x」オプションを指定して実行すると、実行するコマンドを出力してくれます。例えば、先ほど示したシェルスクリプトの「hello.sh」をデバッグするには、次のように実行します。

```
$ bash -x hello.sh Rachael ⏎
+ '[' -n Rachael ']'
+ hello Rachael
+ echo Hello, 'Rachael!'
Hello, Rachael!
```

　実際に実行しているコマンドを、先頭に「+」を付けて出力します。先頭の「+

」は、9-2 で解説した変数「PS4」の値です。ここで、PS4 の値を、変数「BASH_
SOURCE」や「LINENO」「FUNCNAME」の参照にしておくと、シェルスクリ
プトのファイル名や行番号、関数名に置き換わって出力されるため、どこが実
行されているかわかりやすくなります[*13]。

```
$ PS4="{\$BASH_SOURCE:\$LINENO:\$FUNCNAME} " bash -x hello.sh Rachael ⏎
{hello.sh:5:} '[' -n Rachael ']'
{hello.sh:5:} hello Rachael
{hello.sh:3:hello} echo Hello, 'Rachael!'
Hello, Rachael!
```

「-x」オプションを一部分に適用することもできます。内部コマンド「set」は、
オプションを一時的に有効にします。「-x」オプションを有効にしたい箇所で「set
-x」を実行します。「-x」オプションを無効にするには「set +x」を実行します。
例えば、11-1-4 で示したシェルスクリプトの「waitload.sh」で、変数 avg へ
の代入の処理を確認したい場合、直前に「set -x」を、直後に「set +x」を加え
ます。

```
#!/bin/bash
avg_real=$(cut -d" " -f1 /proc/loadavg)
set -x    ←追加
avg=$(echo $avg_real | tr -d . | sed 's/^0*\([0-9]\)/\1/')
set +x    ←追加
while [ $avg -gt 50 ]; do
    echo "CPU負荷が下がるまで待っています ($avg_real)"
    sleep 5
    avg_real=$(cut -d" " -f1 /proc/loadavg)
    set -x
    avg=$(echo $avg_real | tr -d . | sed 's/0\+\([0-9]\)/\1/')
    set +x
done
echo "CPU負荷が下がりました ($avg_real)"
```

実行すると次の出力が得られました。変数 avg_real の値が 100 倍されている

＊13　変数の値に展開されないよう、「$」を「\」でクォーテーションしています。

ことが確認できます。

```
$ ./waitload.sh ⏎
++ echo 0.91
++ tr -d .
++ sed 's/^0*\([0-9]\)/\1/'
+ avg=91
+ set +x
CPU負荷が下がるまで待っています（0.91）
（略）
++ echo 0.47
++ tr -d .
++ sed 's/0\+\([0-9]\)/\1/'
+ avg=47
+ set +x
CPU負荷が下がりました（0.47）
```

第11章の復習

◆シェルスクリプトを使うと、複雑な処理を簡単に実行できます。シェルスクリプトにはコマンドラインに入力するコマンドをそのまま記述します。1行目に「シバン」を記述することで、コマンドとして実行できるようになります。

◆シェルスクリプトでは条件式を使って処理の分岐ができます。「if」文や「case」文はもちろん、「test」や「[」などのコマンドも良く使われます。

◆シェルスクリプトでは処理を繰り返し実行させるための「for」文や「while文」（「until文」）も利用できます。

◆引数やオプションを指定して動作するシェルスクリプトを作成することも可能です。このとき必要になるのが「位置パラメーター」と「特殊パラメーター」です。

Linux サーバー管理者 なら押さえておくべき ネットワークの 必須コマンド

　いよいよ最後の章になりました。くどいようですが、本書は、サーバー管理
者やシステム管理者になったばかり、またはこれからなりたいと思っている方
を対象としています。サーバーは基本的にはネットワークを介してサービスを
提供しているため、サーバー運用の現場では、ネットワークに関連した設定や
確認、トラブルへの対応が日々発生します。

　また、サーバーが目の前に物理的に存在することは少なく、「SSH（Secure
SHell）」でリモートログインして作業することが大半ではないかと思います。
そこで第12章では、ネットワークの設定や状態を確認するコマンドと、ネット
ワークを利用した便利なコマンドについて説明します。また、安全を確保しな
がら、SSHを便利に使う方法についても紹介します。

　既に構築済みのサーバーの設定を変更することはあまりないかもしれませんが、ネットワークの設定や状態を定期的に確認することはよくあります。また、ネットワーク経由でサーバーの情報を取得したり、ファイルをバックアップしたりすることもあると思います。ここでは、ネットワークに関する設定と状態の確認方法と、ネットワークを使うコマンドを説明します。

12-1-1 設定の確認

　ネットワークの基本的な設定とは、例えば IP アドレスとネットマスク、デフォルトゲートウェイ（あるいはルーティングテーブル）です。これらを確認するコマンドが「ip」です。設定の確認だけでなく、（管理者権限があれば）設定することもできます[*1]。第 1 引数には、設定や確認したいネットワークの種類を示す「オブジェクト」を指定します。主なオブジェクトを表 1 に示します。第 2 引数には、それぞれのオブジェクトで定められているコマンドを指定します。

オブジェクト	意味
address	IPv4 または IPv6 アドレス
link	ネットワークインタフェース
maddress	マルチキャストアドレス
monitor	ネットワークの状態の監視
neighbour	ARP または NDISC のキャッシュエントリー
route	ルーティングテーブル

表 1　「ip」コマンドの第 1 引数に指定する主な「オブジェクト」

　IP アドレスとネットマスクを確認するには、オブジェクトに「address」、コマンドに「show」を指定して ip コマンドを実行します。実行例を次に示します。

第12章

```
$ ip address show ⏎
```

＊1　デフォルトでは「DHCP（Dynamic Host Configuration Protocol）」により自動で設定されています。ですので、手動で設定を変更すべきではありません。

```
1: lo: <LOOPBACK,UP,LOWER_UP> mtu 65536 qdisc noqueue state UNKNOWN group
default qlen 1000  ←①
    link/loopback 00:00:00:00:00:00 brd 00:00:00:00:00:00
    inet 127.0.0.1/8 scope host lo
       valid_lft forever preferred_lft forever
    inet6 ::1/128 scope host
       valid_lft forever preferred_lft forever
2: enp0s3: <BROADCAST,MULTICAST,UP,LOWER_UP> mtu 1500 qdisc fq_codel state
UP group default qlen 1000  ←②
    link/ether 08:00:27:3c:af:c6 brd ff:ff:ff:ff:ff:ff
    inet 192.168.1.15/24 brd 192.168.1.255 scope global dynamic noprefixrou
te enp0s3
       valid_lft 74511sec preferred_lft 74511sec
    inet6 fe80::be0:faf3:7ec2:4bb8/64 scope link noprefixroute
       valid_lft forever preferred_lft forever
```

　ここでは、①の「lo」というループバックインタフェースと、②の「enp0s3」というネットワークインタフェースの内容が出力されています。どちらも、「link」で始まる行に「MAC アドレス*2」、「inet」で始まる行に「IPv4 アドレス／サブネットマスク長*3」と「ブロードキャストアドレス」が出力されています。「inet6」で始まる行には「IPv6 アドレス／ネットマスク長」が出力されています。

　ルーティングテーブルを確認するには、オブジェクトに「route」、コマンドに「show」を指定して ip コマンドを実行します。実行例を次に示します。

```
$ ip route show ⏎
default via 192.168.1.1 dev enp0s3 proto dhcp metric 100
192.168.1.0/24 dev enp0s3 proto kernel scope link src 192.168.1.15 metric
100
```

　表示される実行結果の 1 行目の「default」で始まる行が、「デフォルトルート」に関する情報です。宛先のアドレスがほかのどれにも当てはまらない場合、デフォルトルートに従ってパケットが（デフォルトゲートウェイ宛に）送られます。ここでは「192.168.1.1」がデフォルトゲートウェイです。2 行目の

＊2　「MAC アドレス」は、ネットワークインタフェースを識別するために付けられている、48 ビット長のアドレスです。原則として世界で一意のアドレスがあらかじめ付けられています。通常は、8 ビットの値（16 進数）を「:」や「-」で区切って表します。上記出力結果も同様です。
＊3　ホストに割り当てられる IP アドレスの範囲を決める値です。

「192.168.1.0/24」で始まる行は、直接接続されている LAN に関する情報です。1 行目とは異なり「via IPアドレス」という記載がないため、宛先のアドレスが「192.168.1.0/24」に属する場合、ゲートウェイに頼らず、パケットを直接相手に送ります。

名前の解決（ホスト名から IP アドレスを得る）には「DNS（Domain Name System）」を使いますが、問い合わせ先の DNS サーバーは「/etc/resolv.conf」という設定ファイルで指定しています。次のように「nameserver」と DNS サーバーの IP アドレスが記載されていますが、DNS サーバーの指定が複数ある場合は、nameserver の行が複数並びます。

```
nameserver 192.168.1.1
```

12-1-2 状態の確認

次に、ネットワークの状態を確認するコマンドです。同じ LAN に属するマシンに対しては、パケットを直接送りますが、そのためには相手の MAC アドレスを知る必要があります。この MAC アドレスを知るためのプロトコルが、IPv4 の「ARP（Address Resolution Protocol）」と IPv6 の「NDISC」または「NDP（Neighbor Discovery Protocol）」です。現在取得済みの MAC アドレスを確認するには ip コマンドを使います。オブジェクトに「neighbour」、コマンドに「show」を指定して実行します。

```
$ ip neighbour show ⏎
192.168.1.11 dev enp0s3   FAILED
192.168.1.124 dev enp0s3 lladdr b8:27:eb:35:6e:34 STALE
192.168.1.254 dev enp0s3 lladdr 6c:e4:da:e1:a9:7c REACHABLE
```

出力の形式は「IPアドレス dev ネットワークインタフェース lladdr MACアドレス 状態」です。状態には、MAC アドレスを取得した直後である「REACHABLE」、取得してから一定時間経過した「STALE」、MAC アドレスの取得に失敗した「FAILED」などがあります。あるマシンと通信ができないとき、MAC アドレスを取得できているかどうかを、これで確認できます。

ネットワークの通信の終端である「ソケット」を確認するには、「ss」コマンドを使います。「-t」オプションで「TCP」、「-u」オプションで「UDP」、「-x」オプションで「UNIX ドメインソケット」を指定します*4。また、「-l」オプションで待ち受けているソケット、「-a」オプションで待ち受けていないソケットも含めたすべてを対象にします。「-4」オプションで IPv4、「-6」オプションで IPv6 に限定することもできます。さらに、「-n」オプションを指定すると、ポート番号を数字のまま出力します。例えば、TCP で待ち受けている IPv4 のソケットの情報を確認するには、次のように実行します。

```
$ ss -tl4n ⏎
State    Recv-Q    Send-Q        Local Address:Port        Peer Address:Port
LISTEN   0         128             0.0.0.0:22                 0.0.0.0:*
LISTEN   0         5           127.0.0.1:631                  0.0.0.0:*
LISTEN   0         128             0.0.0.0:111                0.0.0.0:*
```

　動作すべきサービスのポート番号が待ち受けているかどうか、Local Address（待ち受けているアドレス）が正しいかどうか（「127.0.0.1」だと「ローカルホスト」、つまり自分のマシンにしか接続できません）、どのマシンと通信中なのかなどを確認できます。

　ネットワークの統計情報を確認するには、「nstat」コマンドを使います。初回に実行すると「0」でない値のカウンターがすべて出力されます*5。2回目以降は、前回実行してから値が増加したカウンターのみ出力します。次は2回目以降に実行したときの例です。

```
$ nstat ⏎
#kernel
IpInReceives              17                    0.0
IpInDelivers              17                    0.0
```

....

*4　「TCP（Transmission Control Protocol）」は、通信を開始する前に仮想的な通信路を確保して通信するプロトコルで、信頼性の高い通信を実現できます。「UDP（User Datagram Protocol）」は、仮想的な通信路を確保しないで通信するプロトコルで、信頼性は劣りますが高速性が求められる通信やストリーミングで利用されています。「UNIX ドメインソケット」は、同じマシン内のプロセス同士で通信するためのソケットです。
*5　実行結果を「/tmp/.nstat.uユーザー ID」に保存しており、これを基に差分を計算して出力します。「-r」オプションを指定して実行すると、前回の実行結果を削除したうえで実行します。

IpOutRequests	9	0.0
(略)		
IpExtInOctets	992	0.0
IpExtOutOctets	3804	0.0
IpExtInNoECTPkts	17	0.0

　何か通信を行う前に実行しておき、通信が終わってからもう一度実行すると、通信を行っていたときの状況をおおまかに確認できます[*6]。「-z」オプションを指定して実行すると、値が「0」の結果も出力します。これにより、カウンターの一覧を確認できます。

　「host」コマンドは、DNSの問い合わせを行います。引数にホスト名を指定して実行すると、DNSサーバーにIPアドレスなどを問い合わせて、その結果を出力します。「www.nikkeibp.co.jp」の情報を問い合わせる例を次に示します。

```
$ host www.nikkeibp.co.jp ⏎
www.nikkeibp.co.jp has address 52.196.145.89
www.nikkeibp.co.jp has address 54.248.231.147
```

　ホスト名の後にDNSサーバーを指定すると、指定したDNSサーバーに問い合わせます。「8.8.8.8」という、米Google社が無償提供しているDNSサーバーに問い合わせる例を次に示します。

```
$ host www.nikkeibp.co.jp 8.8.8.8 ⏎
Using domain server:
Name: 8.8.8.8
Address: 8.8.8.8#53
Aliases:

www.nikkeibp.co.jp has address 52.196.145.89
www.nikkeibp.co.jp has address 54.248.231.147
```

　「-t」オプションと、「レコード」(情報の種類) を指定すると、IPv4アドレス（A

＊6　当たり前ですが、もう一度実行するまでの間に、ほかのサービスが通信していた可能性もあります。

レコード）や IPv6 アドレス（AAAA レコード）、ホスト名（PTR レコード）、メールサーバー（MX レコード）以外の情報を問い合わせられます。例えば、引数に指定したドメイン「nikkeibp.co.jp」の DNS サーバー（NS レコード）を確認するには、次のように実行します。

```
$ host -t ns nikkeibp.co.jp ⏎
nikkeibp.co.jp name server ns-47.awsdns-05.com.
nikkeibp.co.jp name server ns-729.awsdns-27.net.
nikkeibp.co.jp name server ns-1484.awsdns-57.org.
nikkeibp.co.jp name server ns-1673.awsdns-17.co.uk.
```

12-1-3 Web の利用

　私たちは普段、Web ブラウザーを使って Web サイトから資料やアーカイブをダウンロードしています。サーバーで作業しているときも、必要なファイルやアーカイブが Web サイトにあってダウンロードが必要になることがあります。そのようなとき、Web ブラウザーではなくコマンドラインを使ってダウンロードできるとラクですよね。それを実現するのが「curl」コマンドと「wget」コマンドです。二つの主な違いは、curl コマンドは対応しているプロトコルが多いこと、wget コマンドは再帰的にダウンロードできることです。ここでは両者の使い方を簡単に説明します。

　curl コマンドは、引数に URL を指定して実行すると、コンテンツを標準出力に出力します。例えば、DNS のルートサーバーの情報を標準出力に出力するには、次のように実行します。

```
$ curl https://www.internic.net/domain/named.root ⏎
```

　標準出力ではなくファイルに出力するには、「-o」オプションとファイル名を指定して実行します。

```
$ curl -o named.root https://www.internic.net/domain/named.root ⏎
  % Total    % Received % Xferd  Average Speed   Time    Time    (略)
                                 Dload  Upload   Total   Spent   (略)
```

```
100   3312  100   3312     0      0    4213      0 --:--:-- --:--:--  (略)
```

　上記のように状況を出力しますが、この出力が不要なときは「-s」オプションを指定して実行します。

　wget コマンドも、curl コマンドと同じく引数に URL を指定して実行します。ただし、標準ではファイルに出力します。例えば次の例では、URL のファイル名にあたる「named.root」に保存されます。

```
$ wget https://www.internic.net/domain/named.root ⏎
--2021-06-06 17:13:55--  https://www.internic.net/domain/named.root
www.internic.net (www.internic.net) を DNS に問いあわせています ... 192.0.47.9,
2620:0:2830:200::9
www.internic.net (www.internic.net)|192.0.47.9|:443 に接続しています ... 接続
しました。
HTTP による接続要求を送信しました、応答を待っています ... 200 OK
長さ : 3312 (3.2K) [text/plain]
`named.root' に保存中

named.root          100%[===================>]   3.23K  --.-KB/s 時間 0s

2021-06-06 17:13:56 (24.3 MB/s) - `named.root' へ保存完了 [3312/3312]
```

　curl コマンドと同じく途中経過が出力されます。この出力が不要なら「-q」オプションを指定します。また、保存するファイル名を明示したいときは「-O」オプションとファイル名を指定します。なお、ファイル名に「-」を指定すると、標準出力に出力します。

　再帰的にダウンロードするには「-r」オプションを指定します。デフォルトでは五つまでたどりますが、「-l」オプションで変更できます。例えば、日経 BP の企業情報のページを一つだけたどるには、次のように実行します。

```
$ wget -r -l1 https://www.nikkeibp.co.jp/company/ ⏎
--2021-06-06 17:27:38--  https://www.nikkeibp.co.jp/company/
(略)
ダウンロード完了 : 36 ファイル、608K バイトを 0.6s で取得 (987 KB/s)
$ ls www.nikkeibp.co.jp/ ⏎
```

```
ad      company   event     images       media        robots.txt  solution
bpi     css       faq       index.html   news                     saiyo
cc      db        history   js           publication  seminar
```

　ただし、Web サイトの静的なコンテンツを丸ごとダウンロードしてしまうた
め、ダウンロードしたファイルの取り扱いには注意してください*7。

12-1-4 ファイルの同期

　負荷分散のため、Web サーバーや DNS サーバーなどを複数台運用すると、
設定ファイルやコンテンツを同じ内容に保ち続ける必要が出てきます。「rsync」
コマンドを使うと、別のマシンにあるディレクトリーやファイルを丸ごとコピー
したり、差分を反映したりして同期を取ることができます（**図 1**）。

図 1　「rsync」コマンドで同期が取れる

　第 1 引数にコピー元、第 2 引数にコピー先のディレクトリーやファイルを指
定します。引数の書式は「**ユーザー名@マシン名:パス**」ですが、**ユーザー名**や
マシン名を省略して「**マシン名:パス**」や「**パス**」だけを指定することもできます。
コピー元かコピー先のどちらかにマシン名を指定すると、後述の ssh を使って
別のマシンとアクセスします*8。コピー元とコピー先のどちらもパスだけだと、
ローカルホストで同期を取ることになります。

---

*7　筆者は上記を実行した後、ダウンロードしたファイルをすぐに削除しました。
*8　引数の先頭に「rsync://」を付けるか、「:」の代わりに「::」を指定すると、ssh ではなく rsync サー
ビスを使ってコピーします。ただし、rsync サービスがインストールされている必要があります。

rsync コマンドにはオプションが多数あります（**表2**）が、主に使用するのが同期を取るときに使う「-a」オプションです。

オプション	意味
-v	途中経過などを詳細に出力
-q	エラー以外のメッセージの出力を抑制
-a	アーカイブモード（「-rlptgoD」と指定したときと同じ）＊a
-r	ディレクトリーを再帰的に処理
-l	シンボリックリンクをシンボリックリンクでコピー
-p	パーミッションを合わせる
-t	更新日時を合わせる
-g	グループを合わせる
-o	所有者を合わせる（管理者権限が必要）
-D	デバイスファイル（管理者権限が必要）と特殊ファイル（ソケットやパイプ）をそのものとしてコピー
-H	ハードリンクをハードリンクでコピー
-A	ACL（Access Control List）を合わせる
-X	拡張属性を合わせる
--delete	コピー元にないファイルをコピー先から削除

＊a 「-H」「-A」「-X」を組み合わせて指定しても、これらのオプションは有効になりません。

表2 「rsync」コマンドの主なオプション

例えば、「192.168.1.10」の「~/ドキュメント」以下すべてを、ローカルホストの同じパスにコピーするには、次のように実行します。

```
$ rsync -a 192.168.1.10:ドキュメント . ⏎
usu@192.168.1.10's password:  ←「192.168.1.10」の自身のパスワードを入力して[Enter]
                                                      キーを押す
```

両者の同期を取るには、同じコマンドを再度実行するだけです。例えば「192.168.1.10」に「~/ドキュメント/追加.txt」というファイルが追加された場合、再度実行すると、ローカルホストに「~/ドキュメント/追加.txt」がコピーされます。ただし、コピー元のファイルが削除されても、コピー先には残ったままになります。もしコピー先のファイルも同じように削除したいときは、「--delete」オプションを指定します。

第12章

```
$ rsync -a --delete 192.168.1.10:ドキュメント . ⏎
```

　もう一つ例を示します。ローカルホストにあるディレクトリー「/etc/sysconfig」以下すべてを、「192.168.1.2」の自身のホームディレクトリーへコピーするには、次のように実行します。

```
$ sudo rsync -a /etc/sysconfig usu@192.168.1.2: ⏎
[sudo] usu のパスワード： ←①
usu@192.168.1.2's password: ←②

①  管理者権限を得るために自身のパスワードを入力して ［Enter］ キーを押す
②  192.168.1.2 の自身のパスワードを入力して ［Enter］ キーを押す
```

　「/etc/sysconfig」以下には、管理者権限がないと読めないファイルがあるため、「sudo」コマンドを介して実行しています。この場合、コピー先のユーザーも root とみなされるため、コピー先のユーザーが自身（上記の実行例では「usu」ユーザー）になるよう明示しています。なお、パスを省略すると、ホームディレクトリーが指定されたとみなされます。

12-2 SSH を安全かつ便利に使う

リモートに設置してあるサーバーの利用や管理に、SSH[9] は欠かせません。RHEL 8 には、SSH でリモートログインなどを行うツール「OpenSSH」が標準でインストールされています。ここでは OpenSSH を安全かつ便利に使う方法をいくつか紹介します。

12-2-1 公開鍵認証

SSH では、「passwd」コマンドで設定したパスワードでリモートログインできます[10]。これを「パスワード認証」と言います。けれども、パスワードを誰かに知られてしまうと、その誰かがあなたになりすましてログインできてしまいます。このリスクを抑えるログイン方法として、「公開鍵認証」があります。公開鍵認証では、「公開鍵」と「秘密鍵」と呼ばれる二つの鍵（実体はファイルです）を持っていて、秘密鍵に設定した「パスフレーズ」を知っている人だけがログインできます。パスワード認証に比べて、リモートログインの安全性が格段に高まります（図 2）。

---

[9]　SSH 自体はリモートのマシンと安全に通信するためのプロトコルです。
[10]　「/etc/ssh/sshd_config」の「PasswordAuthentication」を「no」に設定していると、パスワードでリモートログインできません。

図 2　公開鍵認証を使うとより安全に SSH でリモートログインできる

　公開鍵認証では、暗号化と復号で別の鍵（「秘密鍵」と「公開鍵」）を使う「公開鍵暗号方式」を用います。あらかじめ、SSH サーバーには「公開鍵」を、SSH クライアントには「秘密鍵」を登録しておきます。また、秘密鍵には「パスフレーズ」を設定しておきます。これら二つの鍵と秘密鍵に設定したパスフレーズを、クライアントからサーバーに SSH で接続するときに認証手段として利用します。

　二つの鍵を生成するには「ssh-keygen」コマンドを使います。鍵の生成に使う暗号化方式には「RSA（Rivest-Shamir-Adleman）」[11]「DSA（Digital Signature Algorithm、デジタル署名アルゴリズム）」「ECDSA（Elliptic Curve DSA、楕円曲線 DSA）」「EdDSA（Edwards-curve DSA、エドワード曲線 DSA）」のいずれかが利用できます。ただし、DSA は乱数の生成が不十分だと

＊11　Ronald Linn Rivest、Adi Shamir、Leonard Max Adleman の 3 人の科学者のラストネームの頭文字から名付けられています。

問題になることがわかっており、推奨されていません[*12]。暗号化方式を指定するには「-t」オプションを使い、「rsa」「dsa」「ecdsa」「ed25519」（EdDSA）のいずれかを指定します。-t オプションを省いたときは RSA が選択されます。次に実行例を示します。

```
$ ssh-keygen ↵
Generating public/private rsa key pair.
Enter file in which to save the key (/home/usu/.ssh/id_rsa): ←①
Enter passphrase (empty for no passphrase): ←②
Enter same passphrase again: ←③
Your identification has been saved in /home/usu/.ssh/id_rsa. ←④
Your public key has been saved in /home/usu/.ssh/id_rsa.pub. ←⑤
The key fingerprint is:
SHA256:05wgou7wWOwybnEOvtyK/CnjdHWSgcHENlAlmzIGNeM usu@localhost.localdoma
in
The key's randomart image is:
+---[RSA 3072]----+
|..=*=..          |
| o o=*           |
|  E.B.o .        |
| . * o + + .     |
|  = + + S +      |
| o o O + o .     |
|. = * .          |
| Bo+ o           |
| .B=+            |
+----[SHA256]-----+
```

① ファイル名を変更するならここで指定して［Enter］キーを押す
② 自分で決めたパスフレーズを入力（非表示）して［Enter］キーを押す
③ 上記のパスフレーズを再入力（非表示）して［Enter］キーを押す
④ 生成された秘密鍵の保存先
⑤ 生成された公開鍵の保存先

最初にファイル名を聞かれるため、そのままでよければ何も入力しないで［Enter］キーを、変更したければファイル名を入力して［Enter］キーを押しま

＊12 「OpenSSH 7.0」以降では「DSA」が標準で無効化されており、DSA で作成した鍵では RHEL 8 の SSH サーバーにログインできません。従来の互換性を重視するなら「RSA」、強固さと速度を重視するなら「EdDSA」を選ぶとよいようです。

す（①）。上記の実行例では「~/.ssh/id_rsa」となっていますが、指定した暗号化方式によって変わります（**表3**）。

暗号化方式	秘密鍵のファイル名	公開鍵のファイル名
rsa（RSA）	~/.ssh/id_rsa	~/.ssh/id_rsa.pub
dsa（DSA）	~/.ssh/id_dsa	~/.ssh/id_dsa.pub
ecdsa（ECDSA）	~/.ssh/id_ecdsa	~/.ssh/id_ecdsa.pub
ed25519（EdDSA）	~/.ssh/id_ed25519	~/.ssh/id_ed25519.pub

表3 「ssh-keygen」コマンドで生成される鍵のデフォルトのファイル名

保存するファイル名を変更するには、「-f」オプションと秘密鍵のファイル名を指定します。公開鍵のファイル名は、秘密鍵のファイル名の末尾に「.pub」を付与したものになります。パスフレーズは2回聞かれるので、2回とも同じパスフレーズを入力します（②と③）。パスフレーズには、パスワードよりも長く、文章のような自分が忘れない（それでいて他人が推測しにくい）文字列を指定します。

次に生成した公開鍵をサーバーに登録します。まず「scp」コマンドなどを使って、公開鍵のファイルをサーバーへコピーします。例えば、生成された公開鍵のファイル「~/.ssh/id_rsa.pub」を、IPアドレスが「192.168.1.1」のサーバーにコピーするには、次のように実行します。

```
$ scp -p ~/.ssh/id_rsa.pub 192.168.1.1:.ssh/ ⏎
usu@192.168.1.1's password: ←①
id_rsa.pub                           100%  393   305.1KB/s   00:00
```

① 「192.168.1.1」の自身（ここでは「usu」ユーザー）のパスワードを入力して [Enter] キーを押す

コピーが完了すると、公開鍵のファイルがサーバー上の自身のホームディレクトリーの「~/.ssh/id_rsa.pub」に保存されます。

続いてサーバーにログインし、コピーした公開鍵のファイルの内容を、サーバーの自身のホームディレクトリーにある「~/.ssh/authorized_keys」ファイルに追記します。

```
$ cat ~/.ssh/id_rsa.pub >> ~/.ssh/authorized_keys ⏎
```

　追記したら、コピーした公開鍵は削除しておきます。もし「~/.ssh/authorize d_keys」ファイルが今回新たに作られたのなら、念のため自分だけが読み書きできるようにしておきます[*13]。

```
$ rm ~/.ssh/id_rsa.pub ⏎
$ chmod 600 ~/.ssh/authorized_keys ⏎   ← 新規作成の場合に実行
```

　以上で設定は完了です。公開鍵認証でリモートログインできるかどうか、クライアントで ssh コマンドを実行して確認してみましょう。公開鍵認証でログインするには、「-i」オプションと秘密鍵のファイルを引数に指定します。秘密鍵のファイル「~/.ssh/id_rsa」を使い、IP アドレスが「192.168.1.1」のサーバーにリモートログインする実行例を示します。

```
$ ssh -i ~/.ssh/id_rsa 192.168.1.1 ⏎
Enter passphrase for key '/home/usu/.ssh/id_rsa': ←①
Activate the web console with: systemctl enable --now cockpit.socket
(略)
Last login: Sun Jun  6 02:38:10 2021 from 192.168.1.15
$

① パスフレーズを入力して [Enter] キーを押す
```

12-2-2 オプション・引数の簡略化

　「ssh」コマンドには、ユーザーごとの設定ファイル「~/.ssh/config」と、システム全体で共通の設定ファイル「/etc/ssh/ssh_config」[*14] があります。どちらも書式は同じです。普段よく使うオプションや引数に相当する設定を記述しておくと、それらのオプションや引数の指定を ssh コマンドの実行時に省略で

第12章

[*13]　ほかのユーザーが読み込めても支障はありませんが、その必要がなければパーミッションは厳しく設定しておきましょう。
[*14]　RHEL 8 の場合、ディレクトリー「/etc/ssh/ssh_config.d/」にある、拡張子が「conf」のファイルも読み込みます。

きて便利です。ここでは、ユーザーごとの設定ファイルに記述しておくと便利な設定をいくつか紹介します。より詳しく知りたいときは、「man ssh_config ⏎」と実行すると表示されるオンラインマニュアルを参照ください。

　まず書式ですが、1 行ごとに設定名を表す「キーワード」と引数を指定します。設定ファイルは「Host」キーワードによって分けられます。ssh コマンドの引数に指定されたサーバーが「Host」キーワードの引数のパターンとマッチするとき、その中の設定が適用されます。なお、「#」で始まる行は行末までコメントとみなされます。

　設定ファイルで指定する主なキーワードを**表 4** に示します。

キーワード	引数	意味
Host	サーバー	サーバーの指定（パターンとして「*」と「?」を指定可能）
ForwardX11	yes または no	X11 転送の指定（X Window System の利用、デフォルトは「no」）
HostName	実際のサーバー名または IP アドレス	実際のサーバーの指定
IdentityFile	公開鍵認証の秘密鍵のファイル名	公開鍵認証で使う秘密鍵の指定
Include	設定ファイル	指定した設定ファイルの読み込み
Port	ポート番号	ポート番号の指定（デフォルトは「22」）
User	ユーザー名	ログインするユーザー名の指定（デフォルトはローカルホストのユーザー名）
LocalForward	ポート1 ホスト:ポート2	クライアントがポート 1 に接続すると、ホストのポート 2 へ接続
RemoteForward	ポート1 ホスト:ポート2	サーバーがポート 1 に接続すると、ホストのポート 2 へ接続

表 4　「ssh」コマンドの設定ファイルに指定する主なキーワード

　以降では、**表 4** に挙げたキーワードの一部について、次の設定例を基に説明します。「LocalForward」と「RemoteForward」の設定例は、12-2-3 で紹介します。

```
ForwardX11 yes   ←①

Host www   ←②
  HostName www.example.com
  IdentityFile ~/.ssh/id_rsa.www
```

```
Host dbserver  ←③
  Port 1022
  User sebastian
```

　①は、Host が指定されていないため、すべてのサーバーへの接続に適用される設定です。「ForwardX11」を「yes」にすると、サーバーの GUI アプリ（X Window System を利用するアプリ）がクライアントで動作します。例えば、RHEL 8 のデスクトップで端末エミュレーターを開き、Ubuntu のマシンにログインして、Ubuntu の GUI アプリを RHEL 8 のデスクトップで操作できます（**図3**）。

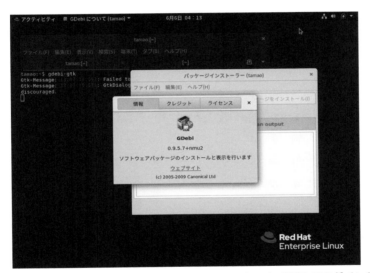

図3　RHEL 8 のデスクトップから Ubuntu のマシンに SSH でログインし、「パッケージインストーラー（GDebi）」を起動した画面

　②と③は、Host で指定したパターンにマッチしたときに適用される設定です。②では、まず「HostName」で実際のサーバーのホスト名または IP アドレスを指定しています。つまり、「ssh www 🔲」を実行すると、HostName で指定した「www.example.com」へリモートログインします。「IdentityFile」は、秘密鍵のファイルを指定するためのキーワードです。②の設定により、コマンドラインに「ssh www 🔲」と入力するだけで、実際には「ssh -X -i ~/.ssh/id_rsa.

www www.example.com ⏎」を実行してくれます[* 15]。

③では、「Port」で接続するポート番号を、「User」でログインする名を指定しています。これにより、「ssh dbserver ⏎」を実行すると、「ssh -X -p 1022 sebastian@dbserver ⏎」を実行することになります[* 16]。なお、オプションのほうが優先されるため、例えば X11 転送を無効にしたいときは、「ssh -x dbserver ⏎」と実行するだけで済みます。

ユーザーごとの設定ファイルは、そのユーザーだけが書き込めるパーミッションにしておく必要があります。例えば同じグループに属するユーザーが書き込めるパーミッションになっていると、ssh コマンドを実行しても次のようなメッセージが出力され、接続できません。

```
$ chmod 664 ~/.ssh/config ⏎
$ ssh 192.168.1.1 ⏎
Bad owner or permissions on /home/usu/.ssh/config
```

12-2-3 ポートフォワーディング

通常では、組織が公開している SSH サーバーにログインできても、組織内に公開が限定されている Web サーバーへアクセスしたり、組織内の自分のマシンにリモートデスクトップでアクセスしたりすることはできません。けれども、SSH の「ポートフォワーディング」という機能を使うと、自宅のマシンから組織の（SSH サーバーである）ゲートウェイマシンを介して組織内の自分のマシンにアクセスできます。逆に、SSH サーバーから自宅のマシンを介して、自宅内に公開が限定されている Web サーバーなどにアクセスすることもできます。ここでは、ポートフォワーディングの概要と使い方について説明します。

ポートフォワーディングには二つの種類があります（図4）。

＊15 「-X」オプションを指定すると、X11 転送を有効にします。①の設定は全体に適用されるため、②と③でも適用されます。
＊16 「-p」オプションでポート番号を指定できます。また、サーバー名の前に「ユーザー名 @」を付けると、そのユーザー名でログインします。

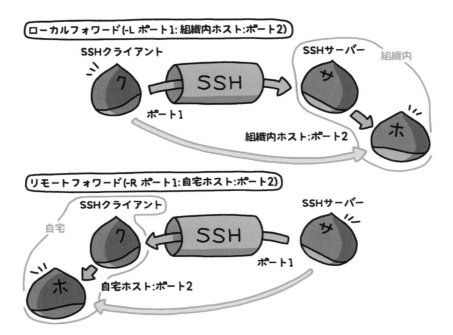

図4　SSH のポートフォワーディングの概要

「ローカルフォワード」は、SSH クライアントが自身のポート1に接続すると、リモートログイン先の SSH サーバーを介して、組織内のホストのポート2へ接続してくれる機能です。つまり、SSH クライアントから、組織内の Web サーバーなどへ直接 TCP で通信できます。

「リモートフォワード」はその逆で、SSH サーバーが自身のポート1に接続すると、SSH クライアントを介して自宅のホストのポート2へ接続する機能です。つまり、SSH サーバーから、自宅の Web サーバー（ルータなどの機器）へ直接 TCP で通信できます。

ローカルフォワードを行うには、SSH サーバーにログインするとき、ssh コマンドで「-L」オプションと、「ポート1:組織内ホスト:ポート2」を引数に指定します*17。次に書式を示します。

第12章

....

＊ 17：「＊：ポート1:組織内ホスト:ポート2」とすると、SSH クライアント以外のマシンからポート1に接続して、組織内ホストのポート2 にアクセスできます。

283

> ■ローカルフォワードを使うときの ssh コマンドの書式
> $ ssh -L ポート1:組織内ホスト:ポート2 SSHサーバーのIPアドレスまたはホスト名 ⏎

例えば、ゲートウェイマシン「gw.example.com」に SSH でリモートログインし、組織内の Web サーバーである「10.0.1.1」のポート番号「80」へ、ローカルホストのポート番号「4080」で接続できるようにするには、下記のように実行します。

```
$ ssh -L 4080:10.0.1.1:80 gw.example.com ⏎
```

これにより、SSH クライアントから（「gw.example.com」の先にある）「10.0.1.1」へ、例えば「http://127.0.0.1:4080/」という URL で直接、組織内の Web サーバーにアクセスできます。

ローカルフォワードを設定ファイルで指定するには、**表4**に示した「LocalForward」キーワードを使います。次に設定例を示します[18]。

```
LocalForward 4080 10.0.1.1:80
```

リモートフォワードを行うには、SSH サーバーにログインするとき、ssh コマンドで「-R」オプションと、「ポート1:自宅ホスト:ポート2」を引数に指定します[19]。次に書式を示します。

> ■ リモートフォワードを使うときの ssh コマンドの書式
> $ ssh -R ポート1:自宅ホスト:ポート2 SSHサーバーのIPアドレスまたはホスト名 ⏎

例えば、ゲートウェイマシン「gw.example.com」に SSH でリモートログインし、自宅の「192.168.1.1」のポート番号「80」へ、SSH サーバーのポート番号「5080」で接続できるようにするには、下記のように実行します。

---

[18] [17]のようにするには「LocalForward *:4080 10.0.1.1:80」と指定します。
[19] 「*:ポート1:自宅ホスト:ポート2」とすると、SSH サーバー以外のマシンからポート1 に接続して、自宅ホストのポート2 にアクセスできます。ただし、SSH サーバーで「GatewayPorts yes」が（「/etc/ssh/sshd_config」に）設定されている必要があります。

```
$ ssh -R 5080:192.168.1.1:80 gw.example.com ⏎
```

　これにより、SSH サーバーから「192.168.1.1」へ、ポート番号「4022」を使っ
て直接 SSH でリモートログインできるようになります。
　リモートフォワードを設定ファイルで指定するには、**表4**に示した「RemoteFo
rward」キーワードを使います。次に設定例を示します[20]。

```
RemoteForward 5080 192.168.1.1:80
```

　なお、「-L」オプション（LocalForward）も「-R」オプション（RemoteForward)
も複数指定できます。

第 12 章の復習

◆サーバー管理者が押さえておくべきネットワーク関連の主なコマンド
は、IPアドレスや MACアドレスの情報を確認できる「ip」コマンド、ソ
ケットの情報を確認できる「ss」コマンド、ネットワークの統計情報を
確認できる「nstat」コマンド、ホスト名を確認できる「host」コマンド
です。

◆「curl」コマンドまたは「wget」コマンドを使うと、Webブラウザーを
使うことなく Webサイトからファイルをダウンロードできます。また、
複数のマシン間でコンテンツなどを同期したいときは「rsync」コマン
ドを使います。

◆管理対象のサーバーへリモートログインするには「ssh」コマンドを使
います。リモートログインの認証方式は「パスワード認証」と「公開鍵認
証」がありますが、公開鍵認証のほうがなりますしのリスクを抑えられ
ます。公開鍵認証では「公開鍵」と「秘密鍵」が必要ですが、これらは
「ssh-keygen」コマンドを使って生成します。

◆ SSHには「ポートフォワーディング」の機能があります。例えば、組織
内に公開が限定されている Webサーバーに、SSHサーバーを介して社
外からアクセスできるようになります。

＊ 20　＊ 19 のようにするには「RemoteForward ＊:5080 192.168.1.1:80」と指定します。

285

索　引

本書に掲載のスクリプトファイルなどの入手方法

本書を購入した方は、掲載しているスクリプトファイルなどを読者限定サイトから入手できます。電子版を購入された方も同様です。読者限定サイトにアクセスするには、下記の公式ページを開き、ページの中ほどにある「読者限定サイト」の「＜こちら＞」のリンクをクリックします。認証画面が表示されたときは、ユーザー名「linux」、パスワード「download」を入力してください。

訂正・補足情報について

本書の公式ページ「https://info.nikkeibp.co.jp/media/LIN/atcl/books/09140 0028/index.html」（短縮URL：https://nkbp.jp/3tRHSw1）に掲載しています。

エンジニア1年生のための 世界一わかりやすい Linuxコマンドの教科書

2021年10月18日　第1版第1刷発行

著　　　者	うすだ ひさし（臼田 尚志）	
発　行　者	中野 淳	
編　　　集	加藤 慶信	
発　　　行	日経BP	
発　　　売	日経BP マーケティング	
	〒105-8308　東京都港区虎ノ門4-3-12	
装　　　丁	小口 翔平＋阿部 早紀子（tobufune）	
制　　　作	JMC インターナショナル	
印刷・製本	図書印刷	

ISBN　978-4-296-11031-5
©Hisashi Usuda 2021　Printed in Japan

●本書に記載している会社名および製品名は、各社の商標または登録商標です。なお本文中に™、®マークは明記しておりません。
●本書の無断複写・複製（コピー等）は著作権法上の例外を除き、禁じられています。購入者以外の第三者による電子データ化および電子書籍化は、私的使用を含め一切認められておりません。
●本書籍に関するお問い合わせ、ご連絡は下記にて承ります。なお、本書の範囲を超えるご質問にはお答えできませんので、あらかじめご了承ください。ソフトウエアの機能や操作方法に関する一般的なご質問については、ソフトウエアの発売元または提供元の製品サポート窓口へお問い合わせいただくか、インターネットなどでお調べください。
　https://nkbp.jp/booksQA